全国技工院校计算机类专业教材（中／高级技能层级）

Word 2021
基础与应用

主　编　史舒娅

U0213302

中国劳动社会保障出版社

简介

本书为全国技工院校计算机类专业教材（中／高级技能层级），主要内容包括 Word 2021 简介，Word 2021 的文档操作，段落的格式化，文档表格的编辑，图形对象的编辑，文档的排版、保护、转换与打印，大纲、目录和索引，样式和模板，Word 2021 的其他常用功能，综合训练等。

本书由史舒娅任主编，李秀峰、要亚娟参与编写。

图书在版编目（CIP）数据

Word 2021 基础与应用 / 史舒娅主编 . -- 北京：中国劳动社会保障出版社，2024

全国技工院校计算机类专业教材 . 中 / 高级技能层级

ISBN 978-7-5167-6161-8

Ⅰ . ①W… Ⅱ . ①史… Ⅲ . ①办公自动化 - 应用软件 - 技工学校 - 教材

Ⅳ . ①TP317.1

中国国家版本馆 CIP 数据核字（2024）第 029022 号

中国劳动社会保障出版社出版发行

（北京市惠新东街 1 号　邮政编码：100029）

*

北京宏伟双华印刷有限公司印刷装订　　新华书店经销

787 毫米 ×1092 毫米　16 开本　21 印张　410 千字

2024 年 5 月第 1 版　　2024 年 5 月第 1 次印刷

定价：**52.00** 元

营销中心电话：400-606-6496

出版社网址：http://www.class.com.cn

http://jg.class.com.cn

前　言

　　为了更好地满足全国技工院校计算机类专业的教学要求，适应计算机行业的发展现状，全面提升教学质量，我们组织全国有关学校的一线教师和行业、企业专家，在充分调研企业用人需求和学校教学情况、吸收借鉴各地技工院校教学改革的成功经验的基础上，根据人力资源社会保障部颁布的《全国技工院校专业目录》及相关教学文件，对全国技工院校计算机类专业教材进行了修订和新编。

　　本次修订（新编）的教材涉及计算机类专业通用基础模块及办公软件、多媒体应用软件、辅助设计软件、计算机应用维修、网络应用、程序设计、操作指导等多个专业模块。

　　本次修订（新编）工作的重点主要有以下几个方面。

突出技工教育特色

　　坚持以能力为本位，突出技工教育特色。根据计算机类专业毕业生就业岗位的实际需要和行业发展趋势，合理确定学生应具备的能力和知识结构，对教材内容及其深度、难度进行了调整。同时，进一步突出实际应用能力的培养，以满足社会对技能型人才的需求。

　　针对计算机软、硬件更新迅速的特点，在教学内容选取上，既注重体现新软件、新知识，又兼顾技工院校教学实际条件。在教学内容组织上，不仅局限于某一计算机软件版本或硬件产品的具体功能，而是更注重学生应用能力的拓展，使学生能够触类旁通，提升综合能力，为后续专业课程的学习和未来工作中解决实际问题打下良好的基础。

创新教材内容形式

在编写模式上，根据技工院校学生认知规律，以完成具体工作任务为主线组织教材内容，将理论知识的讲解与工作任务载体有机结合，激发学生的学习兴趣，提高学生的实践能力。

在表现形式上，通过丰富的操作步骤图片和软件截图详尽地指导学生了解软件功能并完成工作任务，使教材内容更加直观、形象。结合计算机类专业教材的特点，多数教材采用四色印刷，图文并茂，增强了教材内容的表现效果，提高了教材的可读性。

本次修订（新编）工作还针对大部分教材创新开发了配套的实训题集，在教材所学内容基础上提供了丰富的实训练习题目和素材，供学生巩固练习使用，既节省了教材篇幅，又能帮助学生进一步提高所学知识与技能的实际应用能力。

提供丰富教学资源

在教学服务方面，为方便教师教学和学生学习，配套提供了制作素材、电子课件、教案示例等教学资源，可通过技工教育网（http://jg.class.com.cn）下载使用。除此之外，在部分教材中还借助二维码技术，针对教材中的重点、难点内容，开发制作了操作演示微视频，可使用移动设备扫描书中二维码在线观看。

致谢

本次教材修订（新编）工作得到了河北、山西、黑龙江、江苏、山东、河南、湖北、湖南、广东、重庆等省（直辖市）人力资源社会保障厅（局）及有关学校的大力支持，在此我们表示诚挚的谢意。

编者

2023 年 4 月

目 录

CONTENTS

项目一
Word 2021 简介

Word 2021 是 Office 2021 的一个重要组成部分，在保留 Word 以往版本功能的基础上新增和改进了许多功能，新增的功能有：提供了界面色彩调整功能，Word 编辑效果更好；提供了新的"沉浸式学习模式"；文章排版功能更好，调整文字间距、页面幅度等效果更好。另外，Word 2021 还可以朗读文章，新增了微软语音引擎，可以轻松地将文字转换为语音等格式，使初学者更易于学习和使用。

Word 2021 主要用于日常办公、文档处理等，如制作求职者的个人简历、信封、会议邀请函等。使用 Word 2021 可以令用户比以往更简捷、更轻松地创建出所需要的文档，图 1-1 所示就是使用 Word 2021 制作的信封。

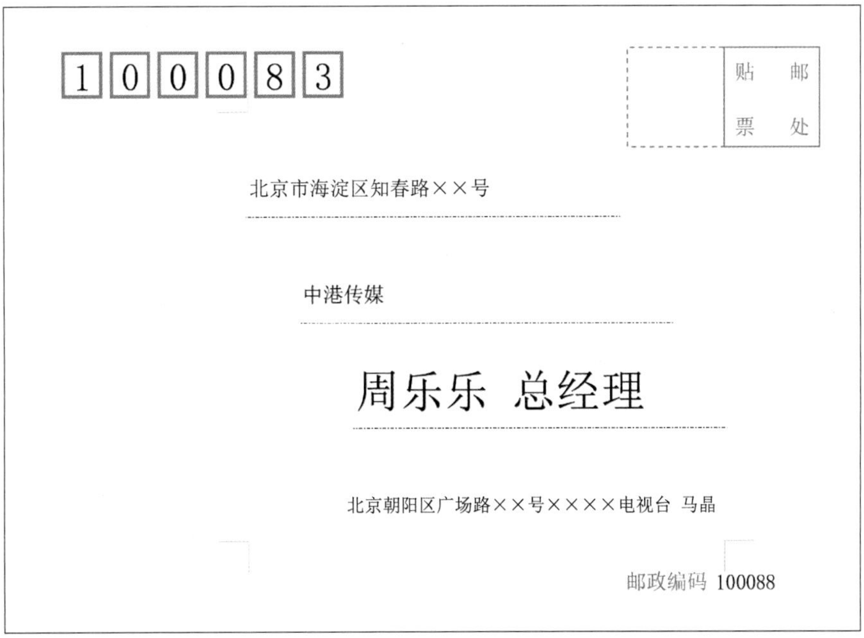

图 1-1 信封

任务 1　启动与退出 Word 2021

1. 能用不同方法启动 Word 2021。
2. 能用不同方法退出 Word 2021。

学习任何一种 Windows 环境下的应用软件，都要先掌握软件的启动和退出方法，熟悉软件的界面，再慢慢通过摸索、学习，了解并掌握软件各个方面的功能。Word 2021 提供了多种启动与退出软件的方法，能更方便、快捷地帮助用户完成所需要的操作。

1. Word 2021 软件介绍

Word 2021 是一款出色的办公室专用文档编辑处理工具，便捷、高效，能帮助用户轻松进行 Word 文档的新建、编辑、共享以及阅读，还免费提供了海量在线存储空间及文档模板等。

2. Word 2021 功能介绍

（1）改进了搜索和导航体验

利用 Word 2021，可以更加便捷地查找信息。利用新增的改进查找功能，用户可以按照图形、表格、脚注和注释来查找内容。改进的导航窗格为用户提供了文档的直观表示形式，这样就可以对所需内容进行快速浏览、排序和查找。

（2）与他人同步工作

Word 2021 文档重新定义了多人一起处理某个文档的方式。利用共同创作功能，用户可以编辑论文，同时与他人分享个人的思想观点。对于企业和组织来说，与 Office Communicator 的集成，使用户能够查看与其一起编写文档的某个人是否空闲，并在不退出 Word 的情况下轻松启动会话。

（3）几乎可以从任何地点访问和共享文档

用户可联机发布文档，然后通过用户的计算机或基于 Windows Mobile 的 Smartphone 在任何地方访问、查看和编辑这些文档。通过 Word 2021，用户可以在多个地点和多种设备上获得一流的文档体验。当用户在办公室、住宅或学校之外通过 Web 浏览器编辑文档时，Word 2021 不会削弱用户已经习惯的高质量查看体验。

（4）对文本添加视觉效果

利用 Word 2021 文档，用户可以对文本应用图像效果（如阴影、凹凸、发光和映像），也可以对文本应用格式设置，以便与用户的图像实现无缝混合，操作起来快速、轻松，只需单击几次鼠标即可。

（5）将用户的文本转化为引人注目的图表

利用 Word 2021 文档提供的更多选项，用户可以将视觉效果添加到文档中。用户可以从新增的 SmartArt 图形中选择所需的图形，以便在数分钟内构建令人印象深刻的图表。SmartArt 中的图形功能同样也可以将文本转换为引人注目的视觉图形，以便更好地展示用户的创意。

3. Word 2021 安装环境

Office 2021 支持 Windows 10 及以上版本的操作系统，安装过程较为便捷并深度兼容，只是安装后显示的图标位置与之前的版本稍有区别。在 Windows 10 操作系统下，Office 2021 的组件图标与 Windows 10 操作系统在风格上保持一致。在 Windows 10 操作系统中，无论是字体还是图标，都采用了更高的像素，使用户更容易操控触摸设备，二者可谓相得益彰。

Word 2021 是 Office 2021 的组件之一，它的安装环境与 Office 2021 保持一致。CPU 处理器需为 1.6 GHz、双核处理器；内存需具备 4 GB（64 位版本）、2 GB（32 位版本）RAM；硬盘空间需具备 4 GB 可用磁盘空间；显示器最低分辨率需达到 1 024 像素 × 768 像素；需具备 DirectX 10 显卡，以支持图形硬件加速。

4. Word 2021 启动方法

一般来说，启动一种软件最方便的方法就是双击它在桌面上的图标。此时可以看到，屏幕上弹出一个启动画面，上面通常有一些版权信息、版本号等。这个启动画面有别于一般的窗口，它没有标题栏、系统菜单，也没有边框，只有一张位图显示在屏幕上。与此同时，程序后台会做一些程序的加载或初始化工作。当启动画面消失后，可以看到需要启动的软件出现在任务栏上，这代表该软件已经正式启动。

当用户不再需要使用该软件时，最好选择退出。这是因为软件在运行过程中会占用内存，内存在计算机中的作用很大，计算机中所有运行的程序都需要通过内存来执行，如果执行的程序分配的内存总量超过了内存大小，就会导致内存耗尽。所以，将不需要使用的软件及时退出，能提高系统的运行速度，更好地发挥计算机的效能。

实践操作

1. Word 2021 的启动方法

（1）Word 2021 的常规启动方法

"常规启动"是 Microsoft Windows 系列操作系统中最常用的启动方式，即在"开始"菜单中启动，如图 1-2 所示。

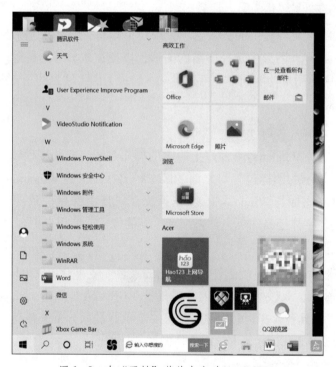

图 1-2 在"开始"菜单中启动 Word 2021

（2）建立快捷方式快速启动 Word 2021

建立快捷方式快速启动 Word 2021 的方法如下：

方法一：通过拖放在桌面创建链接。打开"开始"菜单，单击"所有应用"找到想要的 Word 2021 程序，然后按住鼠标左键将 Word 2021 程序拖动到桌面上，就会显示"链接"的提示，松开鼠标左键，即可在桌面上创建 Word 2021 的快捷方式。

方法二：

1）按下键盘上的 Win 键，打开"开始"菜单，在"开始"菜单中的"Word"上单击鼠标右键，在弹出的快捷菜单中单击"更多"选项，在下一级子菜单中单击"打开文件位置"选项，如图 1-3 所示，打开图 1-4 所示的对话框。

图 1-3 找到 Word 2021 程序

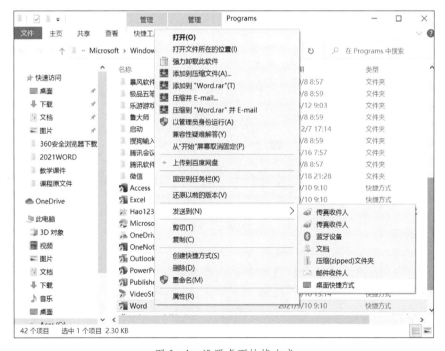

图 1-4 设置桌面快捷方式

2）在"Word"上单击鼠标右键，在弹出的快捷菜单中选择"发送到→桌面快捷方式"选项。

3）这样就在桌面上创建了一个"Word"桌面快捷方式，如图 1-5 所示，需要使用 Word 2021 的时候，双击该图标就可以启动 Word 2021 了。

（3）通过"开始"菜单中的选项快速启动 Word 2021程序

图 1-5　设置桌面快捷方式

如图 1-6 所示，"开始"菜单右侧屏幕中的"高效工作"选项中显示了"Word"图标，直接单击该图标，就可以快速启动 Word 2021 了。

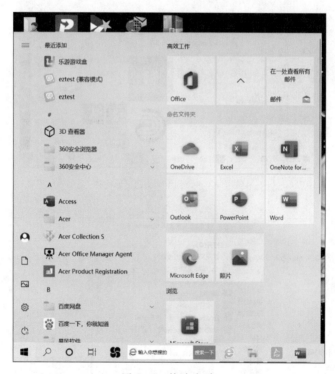

图 1-6　快速启动

提示

操作系统会将最常用的六个软件自动附加到"开始"菜单屏幕中的"高效工作"选项里，下一次启动就不用再到"所有程序"里查找了。

（4）通过已存文档启动 Word 2021

在创建并保存了 Word 文档后，可以通过已有的文档来启动 Word 2021。在"此电脑"里找到放置该文档的文件夹，双击这个文档就可以启动 Word 2021 程序。此时，Word 文档中会显示该文档的内容。

Windows 会自动记录用户最近使用过的文件名称，这样用户就能很方便地找到最近打开过的文档，方法如图 1-7 所示，单击"此电脑"，然后单击左侧窗口中的"快速访问"，在右侧窗口找到"最近使用的文件"，双击文件名就可以启动 Word 2021 打开该文件。

图 1-7　通过已存文档启动 Word 2021

提示

当文档的存储路径发生变化时，使用该方法会发生错误，这时需要从"此电脑"里找到文档才能打开。

2. Word 2021 的退出方法

（1）单击左上角的"▾"按钮右侧的空白处，在弹出的下拉菜单中单击"关闭"

选项，如图 1-8 所示。该方法与 Windows 操作系统中其他软件的关闭方法相同，也是最简单、最直接的退出方法。

（2）单击 Word 2021 窗口右上角的"×"按钮，关闭 Word 2021。

（3）使用系统提供的热键（Alt+F4 组合快捷键）关闭 Word 2021。

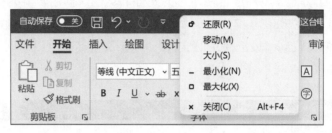

图 1-8　单击"关闭"选项关闭 Word 2021

 提示

Alt+F4 组合快捷键也可以用来关闭任何 Windows 操作系统中的窗口。

如果对文档的内容进行了更新而没有进行保存操作，在退出 Word 2021 之前会弹出图 1-9 所示的对话框，提示用户是否需要保存修改过的内容。单击"保存"按钮，当前文档将被保存；单击"不保存"按钮，将取消修改；单击"取消"按钮，则退出 Word 2021 的操作将被中止。

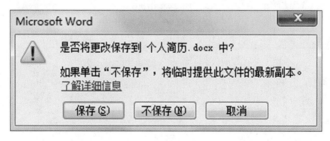

图 1-9　提示用户是否保存修改过的内容

任务 2　介绍 Word 2021 工作界面

1. 能认识 Word 2021 工作界面。
2. 能设置 Word 2021 工作界面。

学习任何一种 Windows 环境下的应用软件，都要先熟悉软件的工作界面，然后再通过摸索和学习，逐步了解并掌握软件各个方面的功能。

本任务的学习内容是认识 Word 2021 的工作界面并能设置 Word 2021 工作界面，能方便、快捷地帮助用户完成所需要的操作。

当启动 Word 2021 后，进入 Word 2021 工作界面，如图 1-10 所示，Word 2021 工作界面主要由快速访问工具栏、标题栏、Microsoft 搜索、选项卡、功能区、文档编辑区、滚动条、状态栏等部分组成。

标题栏是位于 Word 2021 工作界面最上方的蓝色长条区域，用于显示当前正在运行的文件名称和软件名称，标题栏最右侧三个按钮分别用来控制窗口最小化、向下还原、关闭。

首次进入 Word 2021 时，默认打开的文档名为"文档 1.docx"。

快速访问工具栏位于 Word 2021 标题栏的左侧，用户可以在快速访问工具栏放置一些常用的命令按钮，以方便操作，如图 1-11 所示。在默认状态中，快速访问工具栏包含六个快捷按钮，分别是"自动保存"按钮、"保存"按钮、"撤销"按钮、"恢复"按钮、"新建"按钮和"打开"按钮，要想在快速访问工具栏中增加和删除命令，仅需单击快速访问工具栏右侧的下拉箭头，在下拉菜单中单击选中命令或者取消选中命令，也可以通过单击其他命令，自定义快速访问工具栏。

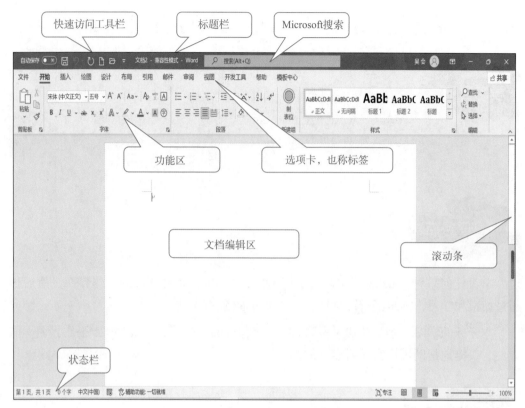

图 1-10 Word 2021 工作界面

图 1-11 快速访问工具栏

"文件"菜单位于菜单栏的最左侧，单击"文件"菜单，在弹出的窗口中可以选择新建、打开、信息、保存、另存为、打印、共享、导出、关闭、账户等选项，完成相关的处理。

功能区横跨应用程序的顶部，由选项卡、组和命令三个基本组件组成，如图 1-12 所示。选项卡位于功能区的顶部，有文件、开始、插入、绘图、设计、布局、引用、邮件、审阅、视图、开发工具、帮助、模板中心等。单击上述选项卡，可在功能区中看到若干组，相关选项显示在一个组中，命令指组中的按钮。

图 1-12 选项卡和功能区

文档编辑区位于 Word 2021 工作界面中央，是用来输入文本、插入图片、绘制图形、编辑文本等的区域，文档编辑区中包含插入点（或光标）、段落结束符、右滚动条、下滚动条、上标尺、左标尺、视图方式切换按钮、编辑区等。

滚动条位于文档编辑区的右端和下端，通过拖动滚动条可以查看文档内容。

状态栏位于 Word 2021 工作界面的底部，用户通过状态栏可以非常方便地了解当前文档的相关信息。状态栏的左侧显示当前文档页码和总页数、文档字数、Word 发现校对错误、语言等信息，右侧有专注模式、选取模式、打印布局、Web 版式四种视图模式的切换按钮，并显示当前文档的显示比例。

1. 自定义快速访问工具栏

在默认状态下，快速访问工具栏包含六个快捷按钮，使用它可以快速访问用户频繁使用的工具。用户可以将命令快速添加到快速访问工具栏，从而对其进行自定义。

可以用以下方法将其他命令添加到快速访问工具栏：

方法一：单击快速访问工具栏右侧的下拉箭头，在下拉菜单中选中命令或者取消选中命令，也可以通过单击其他命令自定义快速访问工具栏，如图 1-13 所示。

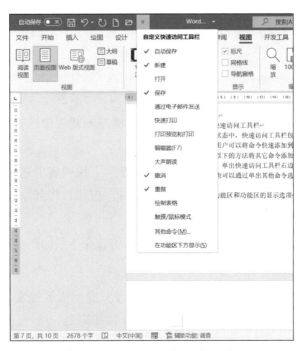

图 1-13　自定义快速访问工具栏

方法二：按照图 1-14 所示步骤，将"审阅"选项卡中的"大声朗读"添加到快速访问工具栏中。

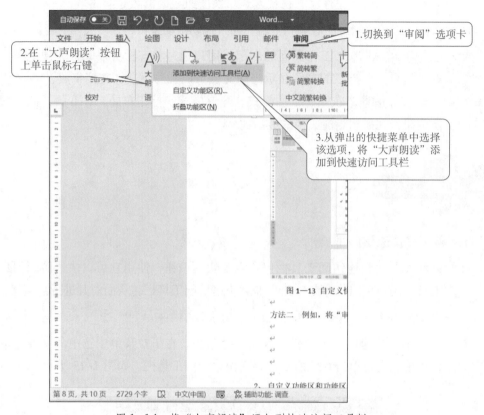

图 1-14　将"大声朗读"添加到快速访问工具栏

方法三：

（1）单击"文件"菜单，在弹出的窗口中单击"选项"。

（2）弹出"Word 选项"对话框，在该对话框左侧列表中选择"快速访问工具栏"选项，如图 1-15 所示。

（3）在该对话框中的"从下列位置选择命令"下拉列表中选择需要的命令，然后在其下边的列表中选择具体的命令，单击"添加"按钮，将其添加到右侧"自定义快速访问工具栏"列表框中。

（4）添加完成后，单击"确定"按钮，即可将该命令添加到快速访问工具栏中。

2. 自定义功能区

用户可以自定义功能区中显示的图标，以便只显示需要经常使用的功能。例如，在功能区中添加更多选项卡，并在选项卡中添加功能按钮。

要自定义功能区界面需执行以下步骤：

图 1-15　"Word 选项"对话框

（1）启动 Word 2021，单击"文件"菜单，在弹出的窗口中选择"更多"选项弹出下一级菜单，并选择"选项"，如图 1-16 所示。

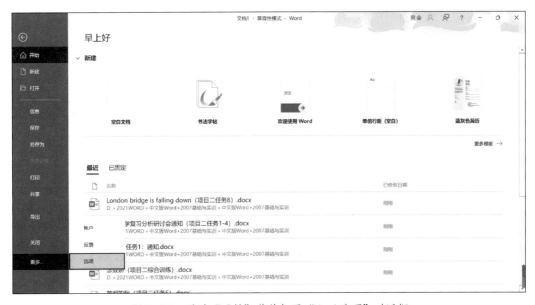

图 1-16　通过"开始"菜单打开"Word 选项"对话框

（2）弹出"Word 选项"对话框，单击左侧窗格中的"自定义功能区"，如图 1-17 所示。左栏显示了可以放置在功能区中的所有其他命令，而右栏列出了当前显示的所有选项卡和命令。可以取消选中右栏中的复选框，以隐藏视图中的整个选项卡。当用户从未使用过特定的命令组并且想要简化功能区界面时，使用隐藏选项卡功能非常方便。

图 1-17　"Word 选项"对话框

（3）单击"新建选项卡"按钮创建新选项卡，然后单击左列中的命令，再单击"添加"按钮，将该命令放在用户自己设计的新选项卡上。也可单击"重置"按钮，恢复单个选项卡或整个功能区的默认设置，如图 1-18 所示。

图 1-18　自定义功能区

（4）单击"确定"按钮退出该对话框。

3. 显示标尺

标尺位于文档编辑区的上方和左侧，分为水平标尺和垂直标尺两种。默认情况下标尺处于隐藏状态。单击"视图"选项卡，在"显示"组中单击"标尺"前面的复选框会显示标尺，再次单击"标尺"前面的复选框则隐藏标尺。

提示

> 通过水平标尺可以设置首行缩进、悬挂缩进、左缩进、右缩进、制表位等，通过垂直标尺可以设置文档的上边距和下边距。

4. 对话框启动器

对话框启动器是一个小图标" ⌐ "，位于功能区命令组的右下角，表示为该组提供了更多的选项。单击它可以弹出一个有更多命令的对话框或者任务窗格。

例如，单击"布局"选项卡，然后单击"页面设置"组右下角的对话框启动器" ⌐ "，弹出"页面设置"对话框，如图 1-19 所示。

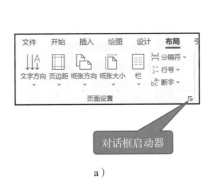

a）

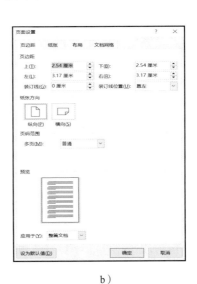

b）

图 1-19　"页面设置"组和"页面设置"对话框

a）"页面设置"组　b）"页面设置"对话框

任务 3 新建、保存并关闭 Word 文档

学习目标

1. 能创建新的 Word 文档。
2. 能保存并关闭 Word 文档。

任务描述

完整地编辑一个新文档的过程分为三步：新建文档、编辑文档、保存文档并退出。Word 2021 提供了多种创建、保存、关闭文档的方法供用户选择。

本任务将用常规方法新建一个 Word 文档，保存在 D 盘的"实例"文件夹下，命名为"文档的保存操作 .docx"。在此基础上介绍新建 Word 文档时的选项设置。

相关知识

每次进入 Word 2021 时，系统都会提示用户是否新建一个空白文档。用户可以选择新建文档的类型，系统将给用户分配一个名为"文档 1"的文档。用户也可以根据需要再新建任意多个类型的文档。

在实际应用中，常用的不是默认的设置。如学校办公室经常上传、下达文件，每次将文件内容输入完以后，都要进行字体、字号、纸型等多项设置。用户可以通过对模板进行设置，达到使每次新建的文档都直接设置好格式的目的。

任何 Word 文档都是以模板为基础进行创建的。模板决定了文档的基本结构和设置的样式，是包含段落结构、字体样式和页面布局等元素的样式总表。在新建一个文档时，实际上是打开了一个名为"normal.docx"的文件。

图 1-20 所示是一个个人简历模板。用户在使用时，只需要填写一些具体的内容，就可以创建一个属于自己的个人简历文档了。模板的定义与具体使用方法将在项目八中介绍。

个人简历

姓　　名		性　　别		
籍　　贯		民　　族		
出生日期		健康状况		
就读院校		专　　业		
学　　历		联系电话		
政治面貌		电子邮箱		
邮政编码		联系地址		
应聘方向				
计算机证书				

图 1-20　个人简历模板

对文档编辑完成后，还需要进行保存操作，才能保证用户对文档的编辑被系统记录下来，以便日后浏览或进一步编辑。保存文档应该作为一个操作习惯，在编辑文档的过程中和编辑完成后断续进行，以防止因意外或疏忽，导致编辑、修改工作付诸东流。Word 2021 中提供了多种便捷的保存文档的方法。

编辑、保存等工作完成后，就可以关闭文档了。关闭文档是对文档进行操作的最后一步，同样有多种操作方法。

1. 创建新文档

Word 将新文档的创建视为默认操作，用户启动 Word 2021 程序后，系统会自动创建一个名为"文档 1"的空白文档。

在已经启动了 Word 2021 的情况下，可以用以下三种方法来创建新文档：

（1）使用"文件"菜单创建新文档

单击"文件"菜单，在图 1-21 所示菜单中选择"新建"选项，选择需要的文档类型并双击，就可以创建文档了。

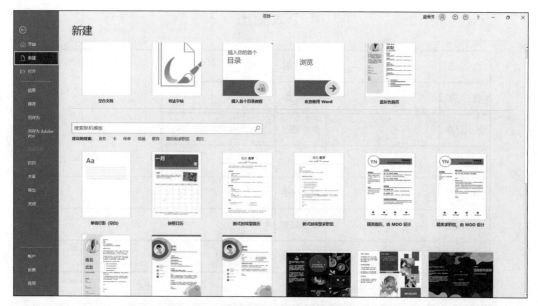

图 1-21　新建文档

Word 2021 中提供了多个选项，供用户创建不同类型的文档。其中主要有：

● 空白文档和模板：Word 2021 中除了用户最常使用的"空白文档"外，还加入了书法字帖、单倍行距（空白）和蓝灰色简历等模板，这是 Word 2021 中特有的。

● 联机模板：此选项要求用户使用的计算机联网。在"搜索联机模板"框中输入搜索字词，如信函、简历或发票，程序会自动搜索联机模板。或者在"搜索联机模板"框下选择一个类别，如业务、传单或教育，单击可预览模板。根据自己的需要下载模板后，Word 2021 将自动按照下载的模板建立一个新的文档。

（2）使用"新建"按钮创建新文档

单击快速访问工具栏" "上的"新建"按钮" "，Word 2021 将为用户创建一个空白文档。

（3）使用组合快捷键创建新文档

按 Ctrl+N 组合快捷键，可以快速创建一个空白文档。

 提示

要从头开始创建文档，可选择"空白文档"。若要练习使用 Word 功能，可使用"欢迎使用 Word"。

2. 保存文档

在编辑并关闭文档之前，应该先保存文档，才能保证编辑内容不会丢失。Word 2021 提供了六种保存文档的方法，用户可以方便、快捷地进行保存操作。

（1）单击"文件"菜单，选择"保存"选项，如图 1-22 所示，如果文档已经保存过，那么当前编辑的内容将按照用户原有的保存路径、名称及格式进行保存；否则，该命令的功能等同于选择"文件"菜单中的"另存为"选项，如图 1-23 所示。

图 1-22　选择"文件"菜单中的"保存"选项

图 1-23　选择"文件"菜单中的"另存为"选项

（2）使用 Ctrl+S 组合快捷键，该操作等同于选择"文件"菜单中的"保存"选项。

（3）选择"文件"菜单中的"另存为"选项，在打开的"另存为"对话框中选择文档的保存路径，在"文件名"文本框中设置文件的保存名称，如"文档的保存操作"，在"保存类型"下拉列表中选择文件的保存类型，如"Word 文档"，这时可以看到文件名后自动加上 .docx 扩展名后缀，如图 1-24 所示。如果不选择保存类型，系统会默认把文档设置为 Word 2021 格式，扩展名为 .docx。

（4）按键盘上的 F12 快捷键，该操作等同于选择"文件"菜单中的"另存为"选项。

注意：Ctrl+S 组合快捷键与 F12 快捷键是有区别的，Ctrl+S 组合快捷键是依照原有的文件名、路径及格式进行保存的，F12 快捷键执行的是"另存为"操作。

（5）单击快速访问工具栏上的"保存"按钮，此操作等同于保存 Word 文件的操作方法 1。

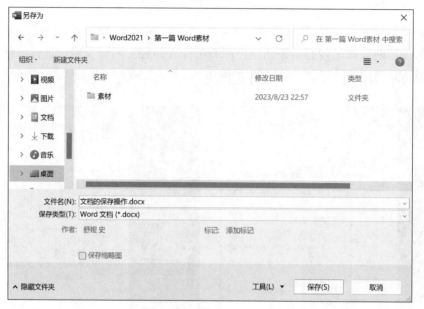

图 1-24 "另存为"对话框

 提示

> Word 文档的扩展名有两种，.doc 是 Word 2003 及以前版本的文件扩展名，.docx 是 Word 2007 及以后版本的文件扩展名。另外，文件扩展名也称为文件的后缀名，是操作系统用来标志文件类型的一种机制。扩展名通常跟在主文件名后面，由一个点（分隔符）与主文件名分隔开。

3. 关闭文档

（1）单击"文件"菜单，选择"关闭"选项。如果该文档没有保存过，系统将弹出提示对话框，提示用户是否保存。单击"保存"按钮，当前文档将被保存；单击"不保存"按钮，当前文档将不会被保存；如果单击"取消"按钮，则退出 Word 2021 的操作被中止。

（2）单击 Word 2021 窗口右上角的"关闭"按钮，如果该文档没有保存过，系统将弹出提示对话框，提示用户是否保存。

任务 4　打开 Word 文档

1. 能打开已有 Word 文档。
2. 能列举文件的打开方式并描述其区别。
3. 能通过"文件"菜单打开最近使用的文档。

启动 Word 2021 后，有时需要打开已保存的文档重新编辑和修改。在 Word 2021 中提供了几种打开文档的方法。

下面以打开"实例"文件夹下的"文档的保存操作 .docx"为例，讲解如何打开一个已有的文档。

Word 2021 可以打开的文档类型较多，包括 Word 文档、文本文件、Web 页面、RTF 格式文档等。

启动 Word 2021 后，单击 Word 2021 左上角的"文件"菜单，在打开的菜单中单击"打开"选项，右侧窗口中就会出现"打开"有关信息。

如果知道文档存储的具体位置和名称（包括主文件名和扩展名），可以直接在"打开"对话框的"文件名"文本框中输入文档的完整路径，然后单击"打开"按钮即可打开文档。

打开文档是 Word 最基本的操作之一。对于任何文档来说，用户都必须先打开它，然后才能对其进行编辑、修改等操作。

1. 单击 Word 2021 左上角的"文件"菜单，在打开的菜单中单击"打开"选项，弹出图 1-25 所示的对话框，选择需要打开的文件所处的位置，再选中需要打开的文件名，单击右下方的"打开"按钮，或者直接双击选中需要打开的文件名，就可以打开这个文件。

图 1-25 "打开"对话框

在 Word 2021 中打开文档的方式有很多种，用户可以根据自己的需要选择相应的打开方式，如以只读方式打开文档等。在图 1-25 中可以看到，单击"打开"按钮右侧的倒三角按钮，在弹出的菜单中可以选择打开文档的方式。

"打开"菜单中文档的打开方式包括：

● 打开：以正常的方式打开文档，该方式为 Word 2021 默认的文档打开方式。用这种方式打开文档后，用户可以对文档进行任何操作。

● 以只读方式打开：使用该方式打开的文档只作阅读使用，用户对其进行的编辑和修改不会在该文档中得到保存。

● 以副本方式打开：使用该方式打开文档，系统将复制该文件后再打开副本，而不是原文档。用户对副本文档所做的编辑、修改将直接保存到副本文档中，对原文档没有影响。

● 打开时转换：打开文档时，当出现用 Word 软件低版本打开高版本、格式不相同或者文档损坏时，Word 会提示进行文件转换。使用 Microsoft Office 自带的转换功能，可以在"文件"菜单中选择"另存为"选项，在弹出的"另存为"对话框中选择另存为文件格式，比如 .pdf、.txt 等。

● 在浏览器中打开：使用该方式可以在浏览器（如 IE）中打开文档并进行查看，此操作的前提是文档是以 Web 页面格式保存的。

● 在受保护的视图中打开：Office 检测到此文档存在问题，编辑此文档可能存在计算机安全问题，所以在"受保护的视图"中打开此文档。

● 打开并修复：对于无法打开或打开后出现异常的 Word 文档进行修复操作，以恢复文档的正常使用。可使用 Microsoft Word 内置修复工具进行修复。

2. 直接单击快速访问工具栏上的"打开"按钮，该操作等同于单击"文件"菜单中的"打开"选项。

3. 按 Ctrl+O 组合快捷键，该操作等同于单击"文件"菜单中的"打开"选项。

4. 打开最近使用的文档。启动 Word 2021，单击"文件"菜单，在弹出的菜单中单击"打开"选项，然后在右侧窗口中单击"最近"，窗口中就显示出最近使用的文档，选择需要打开的文档即可。

提示

"最近使用的文档"中显示的文档个数可以在"Word 选项"对话框中设置。对使用频率最高的文档，也可以单击文档右侧的图钉按钮，就可以将该文档固定到列表的顶部。另外，也可以设置显示的最近文档的数量。具体操作方法是：单击"文件"菜单，选择"选项"，弹出"Word 选项"对话框，选择"高级"选项，在菜单栏的右侧显示区内找到"显示"栏，设置"显示此数目的'最近使用的文档'"为所需要的数目即可，如图 1-26 所示。

图 1-26　隐藏和开启"开始"菜单中最近使用的文档

5. 通过"此电脑"或"资源管理器"打开文档。用户可以通过"此电脑"或"资源管理器"漫游系统文件，找到所需要打开的文档，如果它是一个与 Word 相关联的文档，如扩展名为 .docx 或 .doc 的文档，双击该文档，系统将会自动启动 Word 2021，打开这个文档。

如果打开的是 Word 2003 及以前版本的文档，则文档的扩展名为 .doc；如果打开的是 Word 2007 及以上版本的文档，则文档的扩展名为 .docx。

任务 5　切换视图模式

学习目标

1. 能列举 Word 2021 的五种视图模式。
2. 能根据需要切换合适的视图模式。

启动 Word 2021 后，可以通过多种不同的方式查看文档。Word 2021 提供了五种视图模式供用户使用。

每种视图都能以不同的方式显示文档，用户可以从一种视图快速切换到另一种视图，使工作更轻松，并且能够访问要使用的功能。

Word 2021 中提供了五种视图模式供用户选择，包括页面视图、阅读视图、Web 版式视图、大纲视图和草稿视图。用户可以在"视图"组中选择需要的文档视图模式，也可以在 Word 2021 文档窗口的右下方单击"视图"按钮选择视图。

1. 页面视图

页面视图是 Word 2021 的默认视图，也是 Word 2021 的常用视图，可以显示 Word 2021 文档的打印效果，主要包括页眉、页脚、图形对象、分栏设置、页面边距等元素，是最接近打印结果的视图，如图 1-27 所示。

2. 阅读视图

阅读视图，顾名思义，用户在阅读文档的时候经常会用到这种视图模式。在阅读视图中，以图书的分栏样式显示 Word 2021 文档，按钮、功能区等窗口元素被隐藏起来。在阅读视图中，用户还可以单击"工具"按钮选择各种阅读工具，如图 1-28 所示。

3. Web 版式视图

Web 版式视图主要用于查看网页形式的文档，会以网页的形式显示 Word 2021 文档。Web 版式视图适用于发送电子邮件和创建网页，如图 1-29 所示。

4. 大纲视图

大纲视图适合查看多层级的文档，主要用于设置 Word 2021 文档显示标题的层级结构，并可以方便地折叠和展开各种层级的文档。大纲视图广泛用于 Word 2021 长文档的快速浏览和设置，如图 1-30 所示。

图 1-27　页面视图

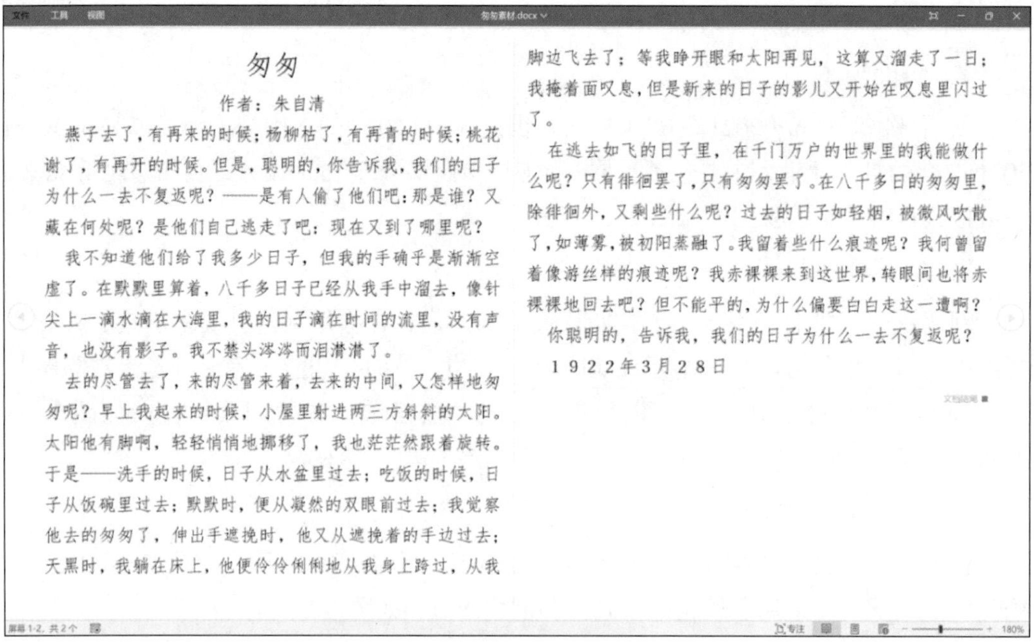

图 1-28　阅读视图

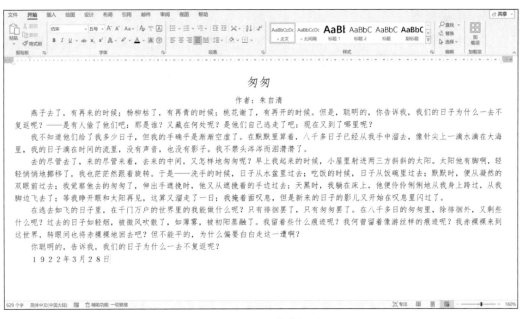

图 1-29　Web 版式视图

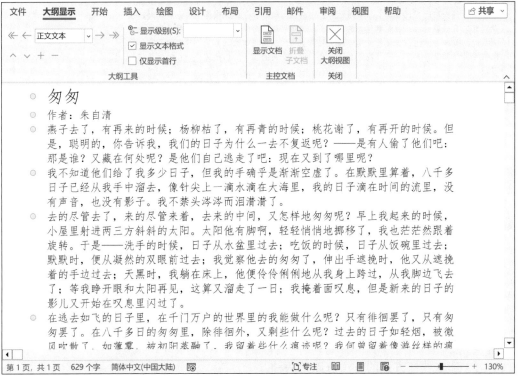

图 1-30　大纲视图

5. 草稿视图

草稿视图的页面布局简单，适合一般文本的输入和编辑，是最节省硬件资源的视图模式。在草稿视图中没有页边距、分栏、页眉页脚和图片等，只显示标题和正文，如图 1-31 所示。

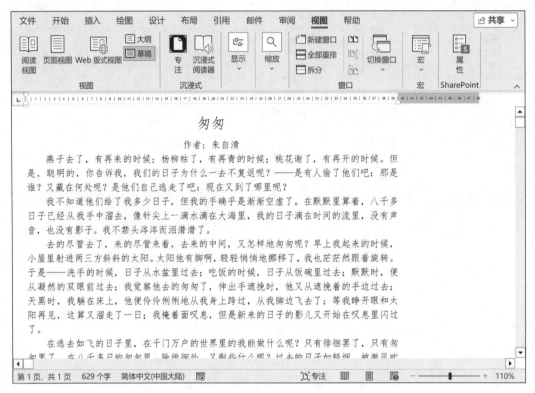

图 1-31　草稿视图

在桌面上建立一个 Word 2021 的快捷方式，双击这个快捷方式启动 Word 2021，建立一个新的文档，将这个文档命名为"操作实例"，观察该文档的扩展名，然后关闭文档，退出 Word 2021。

操作步骤如下：

（1）建立快捷方式的方法有以下两种：

方法一：通过拖放在桌面创建链接。打开"开始"菜单，单击"所有应用"找到想要的 Word 程序，然后按住鼠标左键拖动到桌面上，就会显示"链接"的提示，松开鼠标左键，即可在桌面上创建 Word 2021 的快捷方式。

方法二：

1）按下键盘上的 Win 键，打开"开始"菜单，在"开始"菜单中的"Word"上单击鼠标右键，在弹出的快捷菜单中单击"更多"选项，在下一级子菜单中单击"打开文件位置"选项，如图 1-3 所示，打开图 1-4 所示的对话框。

2）在"Word"上单击鼠标右键，在弹出的快捷菜单中选择"发送到→桌面快捷方式"选项。

3）这样在桌面上就创建了一个 Word 2021 的快捷方式，需要使用 Word 2021 的时候，双击该图标就可以启动 Word 2021 了。

（2）双击桌面上的 Word 2021 快捷方式。

（3）单击 Word 2021 中左上角的"文件"菜单，在弹出的快捷菜单中单击"新建"选项，在右侧"新建"选项下方单击"空白文档"。

（4）单击"文件"菜单，选择"另存为"选项，在右侧的"另存为"选项中选择文档的保存路径，在打开的"另存为"对话框下方的文本框中输入"操作实例"，可以看到文件名为"操作实例 .docx"。

（5）单击屏幕右上角的"关闭"按钮" × "，关闭 Word 2021。

项目二
Word 2021 的文档操作

　　制作一份优秀文档的必备条件是熟练掌握各种基本编辑功能。用户经常需要在新建或打开的文档中对文本进行各种格式的编辑操作，然后对输入的文字和段落进行更加复杂的处理。Word 2021 提供了比以往版本更为强大的功能选项卡，使用起来更加方便、简单。同时，对文档更改的即时预览功能，更是方便了用户快速实现预想设计。因此，在处理文档时，无论是文章版面的设置、段落结构的调整，还是字句之间的增删，利用 Word 2021 快捷键和选项卡都能方便、快捷地完成。

　　在日常工作中，经常需要编写一些文档。本项目将以制作一个"通知"为例，介绍在 Word 2021 中对文档进行简单编辑操作的方法。

任务 1　在文档中输入文本

学习目标

1. 能在 Word 文档中输入文本。
2. 能在 Word 文档中插入日期和时间。
3. 能在 Word 文档中插入特殊字符和符号。

任务描述

　　输入文本是 Word 中的一项基本操作。文本不但包括文字，还包括字母、数字、日期和时间、特殊字符等，在处理文本之前，必须先将其输入到 Word 中。

　　例如，起草一个通知，需要先将通知的文本输入到文档中，然后再进行格式的编辑，最后形成一个完整的通知。本任务通过在文档中输入"通知"文本来学习文本的输入，如图 2-1 所示。

通知

全体初三数学教师：

　　为进一步提高全体教师的教研水平，我校中心教研组决定于 2023 年 8 月 17 日星期四开展初三数学公开课活动，并在公开课活动之后召开初三数学教学分析研讨会，现将有关事宜通知如下：

　　相关事项

　　1.请各位教师早 8：00 准时参加活动，听课前，请将手机提前调为静音。

　　2.听课时，请听课教师随身携带【初三数学讲义】第Ⅱ、Ⅲ册，听课期间认真做好听课记录，听课过程中不得做与研讨活动无关的事情，如玩手机、看杂志等。

　　3.听课结束后，请听课教师按评课的基本要求评课，在会议结束后将评课内容交到教导处；请公开课授课教师打印公开课授课教案，并在会议结束后交到教导处。

北京市第二中学中心教研组

图 2-1　"通知"文本

相关知识

　　打开 Word 文档，在文档的开始位置有一个闪烁的光标，这个光标叫作"插入点"，用户所输入的文本都会出现在插入点左侧。在输入的过程中，Word 具有自动换行的功能，当输入到行尾时，不需要按 Enter 键，文字会自动移到下一行。当输入到段落结尾时，按一下 Enter 键，该段落就结束了。

当用户确定了输入点的位置后，根据输入的内容，选择中文或者英文，再选择自己熟悉的输入法，就可以输入文本了。

Windows 系统中的所有输入法在 Word 中都可以使用，用户可以用鼠标右键单击桌面右下角的语言栏，从弹出的快捷菜单中选择自己熟悉的输入法。Windows 默认的中文输入法一般包括微软拼音输入法、全拼等，这些输入法都是以拼音为基础的。如果需要将中文输入法切换为英文输入法，可以使用 Ctrl+ 空格组合快捷键或 Shift 键快速地进行切换。

一般来说，输入法默认输入的字符为半角字符，其特征是在输入法工具栏上出现半月形的符号，如图 2-2 所示。

半角、全角主要是针对数字、英文字母和标点符号来说的。全角字符占两个字节，半角字符占一个字节。不管是半角还是全角，汉字都要占两个字节。用鼠标单击图 2-2 中所示的全角或半角图标，就可以切换全角、半角状态。

图 2-2　半角状态与全角状态

本任务还将接触到特殊字符，特殊字符是指平时使用较少的、编码格式比较特殊的字符，如在进行建筑预算输入等工作中经常用到的希腊字母或带圈字符、图文符号等。

实践操作

1. 输入文本

起草一个通知，先要输入标题"通知"，这两个字是独占一行的，输入完成后按 Enter 键，可以看到插入点自动移到下一行，"通知"两个字后面出现回车符，如图 2-3 所示。回车符会出现在每段的结尾，表示该段落已输入完成。

继续输入文本："全体初三数学教师：为进一步提高全体教师的教研水平，我校中心教研组决定于开展初三数学公开课活动，并在公开课活动之后召开初三数学教学分析研讨会。"。

在 Word 2021 中，文本的基本输入操作说明如下：

● 按 Enter 键，将结束本段落，系统将自动在插入点的下一行重新创建一个新的段落。

图 2-3　输入文本

● 使用键盘上的→、←、↑、↓键，可以在文本间移动插入点。

● 移动鼠标，将光标移动到期望位置后单击鼠标左键，插入点也随之移动到光标所在位置。

● 按空格键，将在插入点的左侧插入一个空格符号。

● 按 Backspace 键将删除插入点左侧的一个字符。

● 按 Delete 键将删除插入点右侧的一个字符。

在 Word 2021 中，文本的输入可以分为两种模式：插入模式和改写模式。系统默认的文本输入模式为插入模式。

在插入模式下，用户输入的文本将在插入点的左侧出现，插入点右侧的文本依次向后顺延。看起来像是用户输入的文本被"挤"到原有文本中间，将插入点右侧的文本不停地往后挤。

在改写模式下，用户输入的文本将依次替换插入点右侧的文本。看起来像是用户输入的文本内容将原有的文本覆盖掉，右侧的文本像被"吃掉"了一样。

如图 2-4、图 2-5 所示，插入模式和改写模式下的效果是不同的。

如果要在插入模式和改写模式之间切换，可以双击屏幕左下方窗口状态栏中的"插入"按钮。当状态栏显示为插入时，表示当前使用的是插入模式。单击该按钮后可

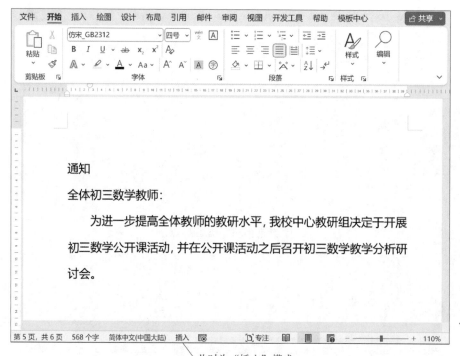

此时为"插入"模式

图 2-4　插入模式

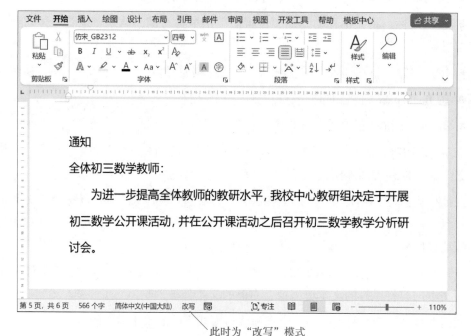

此时为"改写"模式

图 2-5　改写模式

以看到，状态栏显示为改写，表示当前使用的是改写模式。也可以使用键盘上的 Insert 键进行插入模式和改写模式之间的切换。

2. 在文本中插入日期和时间

在 Word 2021 中，用户可以在正在编辑的文档中插入固定日期或时间，也可以插入当前的日期或时间，并设置日期或时间的显示格式，以及对插入的日期或时间进行更新。

现在，试着将前面的"通知"文本改成"全体初三数学教师：为进一步提高全体教师的教研水平，我校中心教研组决定于 2023 年 8 月 17 日星期四开展初三数学公开课活动，并在公开课活动之后召开初三数学教学分析研讨会。"。

操作步骤如下：

（1）将插入点放置在要插入日期或时间的位置，如上文中的"决定于"后。

（2）选择"插入"选项卡，单击"文本"组中的"日期和时间"按钮，打开"日期和时间"对话框。

（3）在该对话框的"可用格式"列表中选择一种格式，如"2023 年 8 月 17 日星期四"，如果希望文本中的日期自动更新，可以选中"自动更新"复选框，然后单击"确定"按钮，如图 2-6 所示。

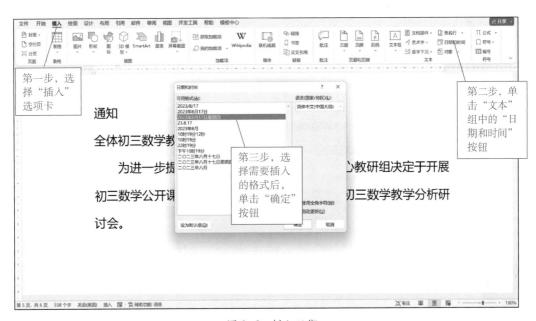

图 2-6　插入日期

"日期和时间"对话框中各选项的功能如下：

- "可用格式"列表：用来选择日期和时间的显示格式。

● "语言（国家 / 地区）"下拉列表：用来选择显示日期和时间的语言，如中文或英文。

● "使用全角字符"复选框：选中该复选框将以全角方式显示日期和时间。

● "自动更新"复选框：选中该复选框后系统可对插入的日期和时间进行自动更新，即每次重新打开该文档时，Word 2021 都会自动更新插入的日期和时间，以保证当前显示的日期和时间总是最新的。

● "设为默认值"按钮：单击该按钮可以将当前设置的日期和时间的格式保存为默认的格式。

提示

在选择日期的时候注意将"语言（国家 / 地区）"下拉列表中的国家选择为"简体中文（中国大陆）"。

为了让用户能更方便、快捷地输入日期，Word 2021 还提供了自动插入当前日期的功能。当用户输入日期的前半部分后，Word 2021 会自动以系统默认的日期显示格式显示完整的日期，用户此时可以按 Enter 键插入该日期，也可以忽略该提示，继续输入，如图 2-7 所示。

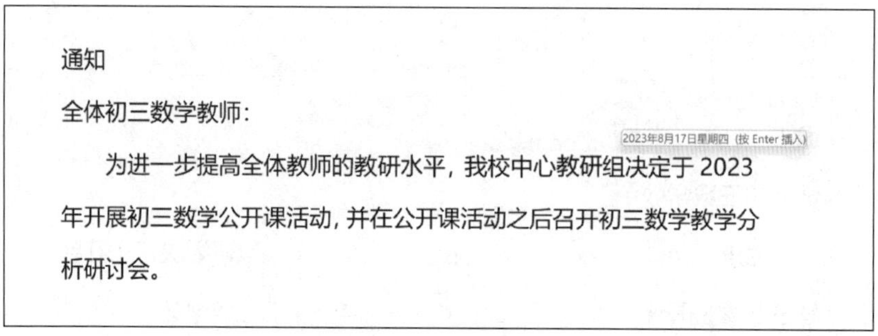

通知

全体初三数学教师：

    为进一步提高全体教师的教研水平，我校中心教研组决定于 2023
2023年8月17日星期四（按 Enter 插入）

年开展初三数学公开课活动，并在公开课活动之后召开初三数学教学分

析研讨会。

图 2-7　输入日期

提示

按下组合快捷键 Alt+Shift+D，可在文档插入点处插入当前日期；按下组合快捷键 Alt+Shift+T，可在文档插入点处插入当前时间。如果要同时输入日期和时间，则应在日期与时间之间用空格加以分隔。

3. 输入特殊字符和符号

在向文档输入文本的过程中，不仅需要输入中英文字符，还经常会插入一些特殊符号，如◎、☆、Ω、Ⅲ、①等，这些符号是无法从键盘直接输入的。Word 2021 提供了插入符号的功能，方便用户在文本中插入各种符号和一些特殊字符。

下面，在前面编辑的"通知"文本中加入相关事项等三段文本。

操作步骤如下：

（1）输入相关事项等三段文本。

（2）将插入点定位在"初三数学讲义"前。

（3）选择"插入"选项卡，单击"符号"组中的"符号"按钮，打开"符号"下拉菜单，选择"其他符号"选项，在弹出的"符号"对话框中打开"子集"下拉列表，选择"CJK 符号和标点"选项，如图 2-8 所示。

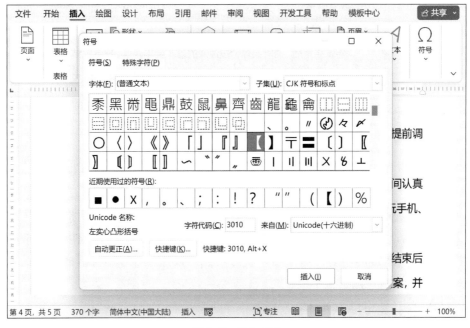

图 2-8　插入符号

（4）此时可以看到，显示列表中出现了符号"【"，选中符号"【"，单击"插入"按钮，符号"【"就被插入到当前插入点所在的位置了。

（5）单击"关闭"按钮回到文档编辑中，可以看到符号"【"已经出现在插入点之前了。

（6）将光标定位在"初三数学讲义"文本后，重复操作步骤（3），选择符号"】"，单击"插入"按钮后，符号"】"就被插入到当前插入点所在的位置了。

（7）将光标定位在"册"字前，单击"符号"组中的"编号"按钮，在弹出的图 2-9 所示"编号"对话框中选择编号类型"Ⅰ，Ⅱ，Ⅲ，…"，然后在"编号"输入框中输入"2"，单击"确定"按钮。可以看到，"Ⅱ"字符出现在"第"字的后面。

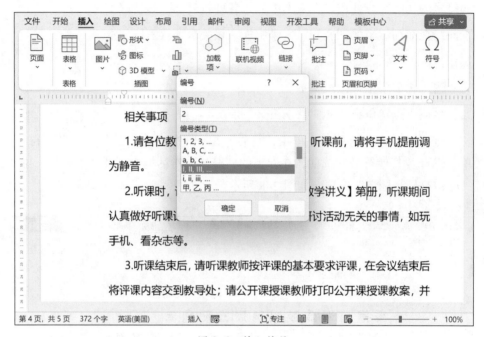

图 2-9　输入编号

（8）重复步骤（7）的操作，在"编号"输入框中输入"3"，完成字符"Ⅲ"的输入。

在"符号"对话框中的"近期使用过的符号"栏里，可以看到用户最近使用过的 16 个符号，以方便用户对符号进行快速插入。另外，Word 2021 还提供了对于经常使用的符号设置快捷键的功能，这样用户就可以在不打开"符号"对话框的情况下，直接按快捷键输入该符号。

设置符号快捷键的方法如下：

（1）打开"符号"对话框，选中需要使用的符号。

（2）单击"符号"对话框中的"快捷键"按钮，打开"自定义键盘"对话框，如图 2-10 所示。

（3）将光标置于"请按新快捷键"文本框中，按下需要设置的组合快捷键（如Alt+X）。

（4）单击"指定"按钮，此时设置的快捷键会显示在"当前快捷键"列表中，表示快捷键设置成功。

图 2-10　设置符号快捷键

（5）单击"关闭"按钮，关闭"自定义键盘"对话框，返回"符号"对话框，在"符号"对话框中单击"关闭"按钮，关闭"符号"对话框。

此时，快捷键就设置成功了，今后用户在编辑文本时，如果需要输入这个符号，直接按 Alt+X 组合快捷键就可以输入了。

在"符号"对话框中还可以看到"特殊字符"选项卡，这里内置了一些具有特殊含义的特殊字符，如©（版权所有）等，用户需要的时候可以浏览该选项卡进行查找，输入方法和快捷键的设置方法与其他特殊字符相同，这里不再赘述。

任务 2　在文档中选择需要的内容

1. 能在文档中选择需要的内容。
2. 能使用不同方法选择文本。

文本输入完成后，需要设置相应的格式，使文本看起来美观大方、重点突出，如将标题设置为大号字体、居中等。针对需要设置格式的文本，要先选中该部分文本，才能进行相应的操作。选择文本是修改格式、复制、剪切、粘贴等操作的基础。

Word 2021 提供了多种文本选择方法，用户可以选择一个或多个字符、一行或多行、一段或多段、一幅或多幅图片，甚至整篇文档。

如图 2-11 所示，灰色背景所标示的区域就是被选中的文字。

> 通知
>
> 全体初三数学教师：
>
> 　为进一步提高全体教师的教研水平，我校中心教研组决定于 2023 年 8 月 17 日星期四开展初三数学公开课活动，并在公开课活动之后召开初三数学教学分析研讨会，现将有关事宜通知如下：
>
> 相关事项
>
> 1.请各位教师早 8：00 准时参加活动，听课前，请将手机提前调为静音。
>
> 2.听课时，请听课教师随身携带【初三数学讲义】第 II、III 册，听课期间认真做好听课记录，听课过程中不得做与研讨活动无关的事情，如玩手机、看杂志等。
>
> 3.听课结束后，请听课教师按评课的基本要求评课，在会议结束后将评课内容交到教导处；请公开课授课教师打印公开课授课教案，并在会议结束后交到教导处。

图 2-11　选中文字

下面以任务 1 中输入完成的"通知"文本为例，学习文本的选择方法。

在文档操作中，经常需要选定某些文字符号进行处理，Word 2021 提供了强大的文

本选择方法，不论是文字、字符、段落或是图片等，都可以用鼠标完成选择。

1．选中"通知"两字

（1）将光标移动至需要选择文字的开始位置，如"通知"的"通"字前。

（2）按住鼠标左键，拖动至结束位置（"知"的右侧）后松开鼠标左键。此时可以看到被选择的文本所在的区域变成了灰色背景，如图 2-11 所示。

2．选择整行文本

将光标移到拟选定行的最左侧，当指针变为"⏴"后，单击鼠标左键即可选中该行文本。同样地，也可以看到整行文本所在的区域变成了灰色背景，如图 2-12 所示。

通知

全体初三数学教师：

为进一步提高全体教师的教研水平，我校中心教研组决定于 2023年 8 月 17 日星期四开展初三数学公开课活动，并在公开课活动之后召开初三数学教学分析研讨会，现将有关事宜通知如下：

相关事项

1.请各位教师早 8：00 准时参加活动，听课前，请将手机提前调为静音。

2.听课时，请听课教师随身携带【初三数学讲义】第 Ⅱ、Ⅲ 册，听课期间认真做好听课记录，听课过程中不得做与研讨活动无关的事情，如玩手机、看杂志等。

3.听课结束后，请听课教师按评课的基本要求评课，在会议结束后将评课内容交到教导处；请公开课授课教师打印公开课授课教案，并在会议结束后交到教导处。

图 2-12　选择整行文本

3．选择多行文本

将光标移动到要选择的文本首行最左侧，当指针变为"⏴"后，按住鼠标左键，然后向上或向下拖动。将光标移动到需要的位置后，放开鼠标左键，选中的文本背景色变为灰色。

4. 选择一个段落

要想选择一个段落有以下两种方法：

- 将光标移到该段任意一行的最左侧，当指针变为"↗"后，双击鼠标左键。
- 将光标移到该段的任意位置，连续快速单击三次鼠标左键。

5. 选中多个段落

将光标移到起始段落的最左侧，当指针变为"↗"后，按住鼠标左键，向上或向下拖动鼠标，将"↗"移动到结束段落的最左侧后，放开鼠标左键，选中的段落背景色变为灰色。

6. 选中一个词组

将光标的插入点定位到词组中间或左侧，双击鼠标左键可以快速选中该词组。

7. 选中一个矩形文本区域

将光标的插入点置于预选文本的一句，然后在按下 Alt 键的同时，按住鼠标左键，拖动到文本块的对角处，可以选定该文本块，效果如图 2-13 所示。

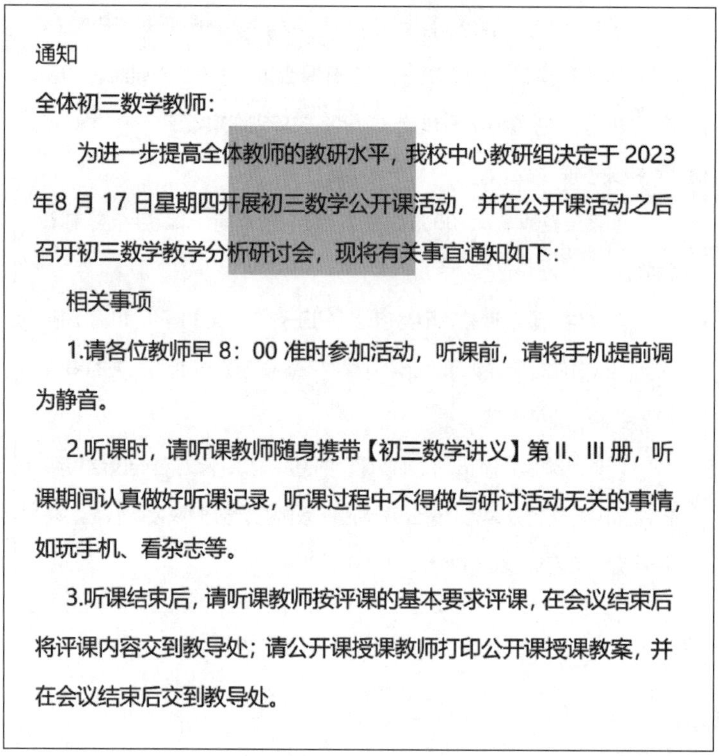

图 2-13　选中矩形文本块

8．选择整篇文档

要想选择整篇文档有以下三种方法：

● 单击"开始"选项卡下"编辑"组中的"选择"按钮，在下拉菜单中选择"全选"选项。

● 使用 Ctrl+A 组合快捷键。

● 将光标移动到文档任意一行的左侧，当指针变为"⤢"后，连续快速单击三次鼠标左键。

9．配合 Shift 键选择文本区域

将光标的插入点定位到要选定的文本之前，单击鼠标左键，确定要选择文本的初始位置，按住 Shift 键移动光标到要选定的文本区域的结尾处，同时单击鼠标左键。用此选择方法可以选择任意区域的文本。

10．选择格式类似的文本

选中某一格式的文本，如具有某种标题格式或文本格式的文本等，在"开始"选项卡下"编辑"组中单击"选择"按钮，在下拉菜单中选择"选定所有格式类似的文本（无数据）"选项，即可选中文档中所有具有类似格式的文本，如图 2-14 所示。

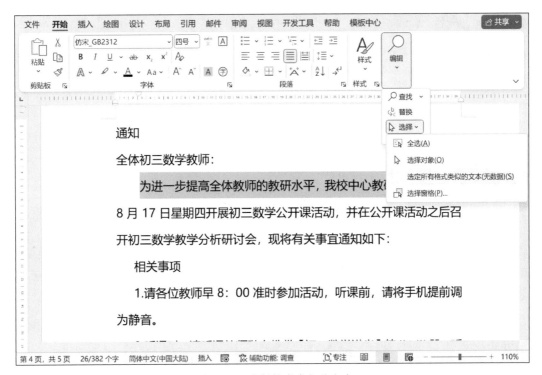

图 2-14　选择格式类似的文本

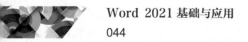

11. 调节或取消选中的区域

按住 Shift 键，并按键盘上的 →、←、↑、↓ 键，可以扩展或收缩选择区，或按住 Shift 键，用鼠标单击选择区预期的终点，则选择区将扩展或收缩到该点为止。

提示

如果要取消选中的文本，可以用鼠标单击选择区外的任何位置，或按任何一个可在文档中移动的键，如 →、←、↑、↓ 键等即可。

任务 3　复制、剪切和粘贴文本

学习目标

1. 能复制文本。
2. 能剪切和粘贴文本。
3. 能使用剪贴板。

任务描述

在编辑文本时，用户经常需要将文档的一部分内容移动或复制到另一处，复制、剪切和粘贴文本也是文本的基本操作，巧妙地运用这些功能将大大提高用户的工作效率。

本任务以任务 2 中输入完成的"通知"文本为例，来学习文本的复制、剪切和粘贴方法。

相关知识

选定文本后，下一步可以对所选择的内容进行操作，最常用的操作就是复制、剪切和粘贴，这三者都可以归入"文本移动"的范畴。

复制与剪切的区别在于，复制的内容被装进一个"容器"里，准备放到另一个文档中去，而原来的文档内容仍然存在；剪切的内容也被装进一个"容器"里，但原来的文档内容就不存在了。

剪贴板是文档进行信息传输的中间媒介，是将信息传送到其他文档或其他程序的通道。使用剪贴板对文本进行复制或移动操作时，先将文本内容复制或剪切到剪贴板中，在需要时再将暂时存放在剪贴板中的信息粘贴到当前文档、其他 Office 文件或 Windows 环境下其他程序所建立的文档中的指定位置。

存放在剪贴板中的内容不会丢失，可以反复粘贴，不限次数。Word 2021 提供了 24 个子剪贴板，使用户可以同时复制与粘贴多项内容。当存放在剪贴板中的内容已达 24 项，要继续添加新内容时，它会将复制内容添加至最后一项，并清除第一项，用户可以选择是否继续复制。

Word 2021 提供的"剪贴板"就是前面提到的"容器"，将用户复制或剪切的内容"装"起来，供用户选择使用。与生活中常用的容器不同的是，这个"容器"里装的东西可以反复使用。

实践操作

1. 利用拖动方法移动或复制文本

要求：将"初三数学公开课"文本复制并粘贴到"通知"文本前。

当用户在同一文档中进行短距离的移动和复制时，可以简单地使用拖动方法。由于使用拖动方法移动和复制文本时不通过剪贴板，因此，该方法要比通过剪贴板交换数据的方法简单。

具体操作步骤如下：

（1）选中要复制的文本。将光标移动到"初三"二字前，按住鼠标左键，拖动光标至"公开课"的"课"字后。可以看到，"初三数学公开课"的文本背景变成了灰色，如图 2-15 所示。

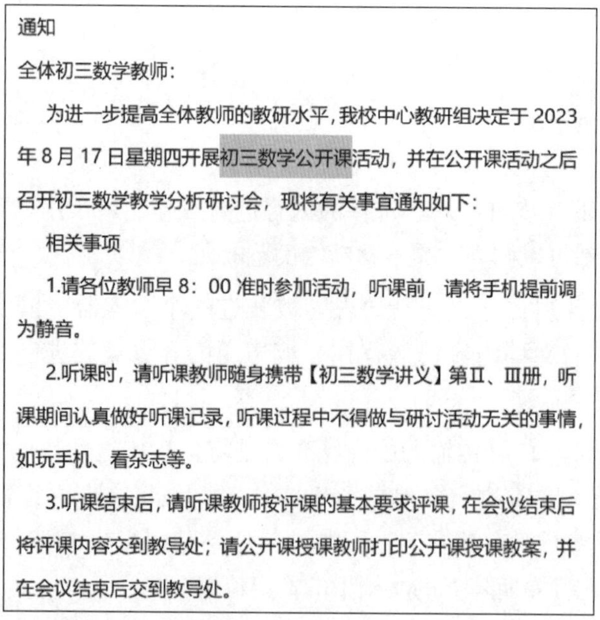

通知

全体初三数学教师：

为进一步提高全体教师的教研水平，我校中心教研组决定于 2023 年 8 月 17 日星期四开展初三数学公开课活动，并在公开课活动之后召开初三数学教学分析研讨会，现将有关事宜通知如下：

相关事项

1.请各位教师早 8：00 准时参加活动，听课前，请将手机提前调为静音。

2.听课时，请听课教师随身携带【初三数学讲义】第 II、III 册，听课期间认真做好听课记录，听课过程中不得做与研讨活动无关的事情，如玩手机、看杂志等。

3.听课结束后，请听课教师按评课的基本要求评课，在会议结束后将评课内容交到教导处；请公开课授课教师打印公开课授课教案，并在会议结束后交到教导处。

图 2-15 移动文本

（2）如果要移动文本，则将光标移到被选中的文本上，按住鼠标左键可以直接拖动文本，此时可以看到，插入点变成了"┃"标志，这是用来标志新的插入点的；同时，光标也变成了"⛄"标志，这个标志表示当前处于复制状态。

（3）到指定位置后放开鼠标左键，可以看到文本已经在原来位置消失而出现在了新的位置上，如图 2-16 所示。

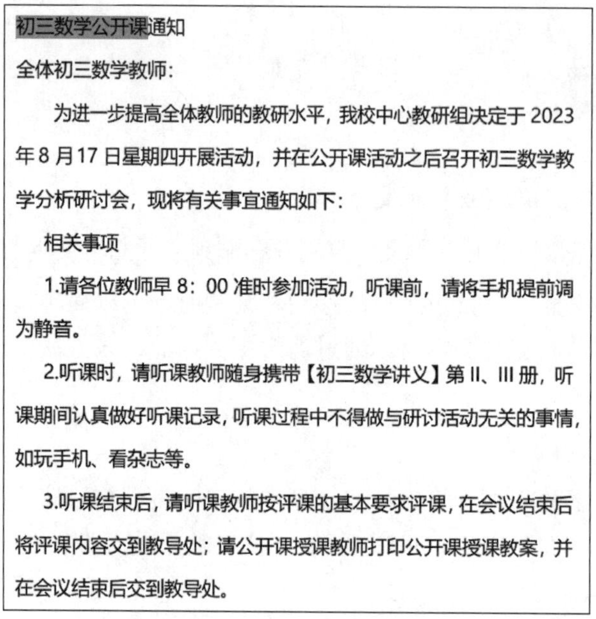

初三数学公开课通知

全体初三数学教师：

为进一步提高全体教师的教研水平，我校中心教研组决定于 2023 年 8 月 17 日星期四开展活动，并在公开课活动之后召开初三数学教学分析研讨会，现将有关事宜通知如下：

相关事项

1.请各位教师早 8：00 准时参加活动，听课前，请将手机提前调为静音。

2.听课时，请听课教师随身携带【初三数学讲义】第 II、III 册，听课期间认真做好听课记录，听课过程中不得做与研讨活动无关的事情，如玩手机、看杂志等。

3.听课结束后，请听课教师按评课的基本要求评课，在会议结束后将评课内容交到教导处；请公开课授课教师打印公开课授课教案，并在会议结束后交到教导处。

图 2-16 移动文本的效果

（4）若要复制文本，则先按住 Ctrl 键，然后按住鼠标左键进行拖动，这样就能把选中的文本复制到新的位置。移动与复制文本的区别在于，复制文本不会让选中的文本发生变化，如图 2-17 所示。

初三数学公开课通知

全体初三数学教师：

为进一步提高全体教师的教研水平，我校中心教研组决定于 2023 年 8 月 17 日星期四开展初三数学公开课活动，并在公开课活动之后召开初三数学教学分析研讨会，现将有关事项通知如下：

相关事项

1.请各位教师早 8：00 准时参加活动，听课前，请将手机提前调为静音。

2.听课时，请听课教师随身携带【初三数学讲义】第 II、III 册，听课期间认真做好听课记录，听课过程中不得做与研讨活动无关的事情，如玩手机、看杂志等。

3.听课结束后，请听课教师按评课的基本要求评课，在会议结束后将评课内容交到教导处；请公开课授课教师打印公开课授课教案，并在会议结束后交到教导处。

图 2-17　复制文本的效果

提示

如果把选中的内容拖到了窗口的顶部或底部，Word 2021 将自动向上或向下滚动文档。

（5）在图 2-17 中，可以看到一个新的图标"▢"，这是"粘贴"图标。单击这个图标可以在弹出的下拉菜单中选择复制或移动文本的格式，如图 2-18 所示。

图 2-18　"粘贴"菜单

● 仅保留源格式（默认）"📝"

使用此选项可以保留应用到复制文本的字符样式和直接格式。直接格式包括字号、倾斜和其他未包含在段落样式中的格式。

● 合并格式"📋"

使用此选项，复制的内容将摒弃原来的格式，自动匹配现有的格式（包括字体和大小）进行排版。

● 仅保留文本"📋"

使用此选项可以放弃所有的格式和非文本元素，如图片和表格。文本承袭粘贴到的段落的样式特征，还会承袭粘贴文本时光标前面文本的直接格式或字符样式属性。使用此选项会放弃图形元素，将表格转换为一系列段落。

2. 利用剪贴板移动或复制文本

现在以前面的"通知"为例，将"文档1"中的文本内容移动到"通知"文档中。具体操作步骤如下：

（1）选中要移动或复制的文本内容。

（2）若需要移动文本可单击"开始"选项卡下"剪贴板"组中的"剪切"按钮，或使用Ctrl+X组合快捷键，或将光标移到被选中的文本上，单击鼠标右键，在弹出的快捷菜单中选择"剪切"选项，如图2-19所示。

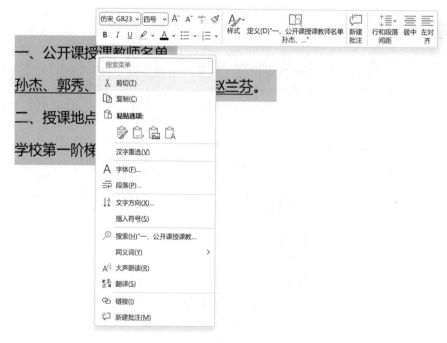

图2-19　剪切文本

以上方法均可以将被选中的文本内容剪切到剪贴板中。

（3）若要复制文本，有以下三种方法：

● 单击"开始"选项卡下"剪贴板"组中的"复制"按钮" "。

● 使用 Ctrl+C 组合快捷键。

● 将光标移到被选中的文本上，单击鼠标右键，在弹出的快捷菜单中选择"复制"选项。

以上方法均可将被选中文本内容复制到剪贴板中。

（4）将光标移动到要插入文本的位置，单击"开始"选项卡下"剪贴板"组中的对话框启动器，屏幕左侧将弹出图 2-20 所示的任务窗格。

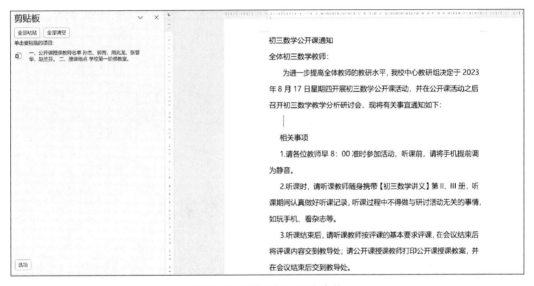

图 2-20　"剪贴板"任务窗格

（5）单击"剪贴板"任务窗格中需要粘贴的内容，这部分文本就被复制到光标所在的位置。同时，还有以下几种方法可以达到目的：

● 单击"开始"选项卡下"剪贴板"组中的"粘贴"按钮" "。

● 使用 Ctrl+V 组合快捷键。

● 单击鼠标右键，从弹出的快捷菜单中选择"粘贴"选项。

如果希望进行多项粘贴，可以打开"剪贴板"任务窗格，在使用完任务窗格后可以单击右上角的"关闭"按钮" "将任务窗格关闭。

粘贴完成后，可以看到新的文本已经出现在原有文档中，如图 2-21 所示。

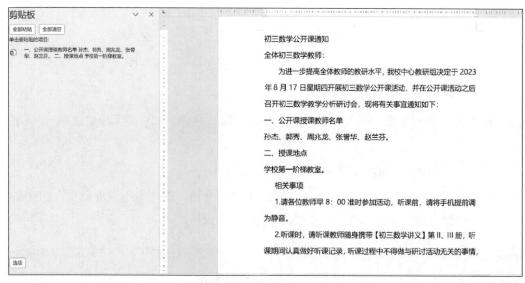

图 2-21　粘贴后的效果

任务 4　设置文本格式

1. 能描述"字体"组中按钮的功能。
2. 能设置文字的字体、字号、加粗、倾斜、下画线等格式。
3. 能使用"字体"对话框。

任务描述

　　为使文档美观大方，仅有文本内容是不够的，还需要对文档进行更多编辑操作，如以不同的字体、字号区分各级标题等。

本任务以编辑"通知"文档为例，为文档加入一些新的内容，并设置文字的格式，最终效果如图 2-22 所示。

初三数学公开课通知

全体初三数学教师：

　　为进一步提高全体教师的教研水平，我校中心教研组决定于**2023年 8 月 17 日星期四**开展初三数学公开课活动，并在公开课活动之后召开初三数学教学分析研讨会，现将有关事宜通知如下：

　　一、公开课授课教师名单

<u>孙杰、郭秀、周兆龙、张誉华、赵兰芬。</u>

　　二、授课地点

学校第一阶梯教室。

　　三、相关事项

　　①请各位教师早 8：00 准时参加活动，听课前，请将手机提前调为静音。

　　②听课时，请听课教师随身携带【初三数学讲义】第Ⅱ、Ⅲ册，听课期间认真做好听课记录，听课过程中不得做与研讨活动无关的事情，如玩手机、看杂志等。

　　③听课结束后，请听课教师按评课的基本要求评课，在会议结束后将评课内容交到教导处；请公开课授课教师打印公开课授课教案，并在会议结束后交到教导处。

　　　　　　　　　　　　　　　　北京市第二中学中心教研组

　　　　　　　　　　　　　　　　2023 年 8 月 13 日

图 2-22　设置文字格式

要求：

- 将"初三数学公开课通知"文本的字体、字号设置为黑体、二号。
- 将"2023 年 8 月 17 日星期四"文本加粗，进行强调。
- 将"公开课授课教师名单"教师行加下画线，进行强调。
- 将序号"1.2.3."字符设置为带圈字符。

另以唐诗《春晓》文档为例，设置文字竖排。

相关知识

在文字处理中经常需要设置文本的格式，其目的是通过建立全面可视的样式，增加易读性，使文档更加美观，条理更加清晰。用户可以通过"开始"选项卡下的"字体"组或通过"字体"对话框中的"字体"选项卡进行文本格式的设置。

"字体"组中包括很多属性的设置，有字体、字号、颜色及其他格式。

Word 2021 自带了多种字体，其中"宋体"是最常用的字体。打开"字体"下拉列表，用户可以根据自己的需要选择适用的字体。

Word 2021 对字体大小采用两种不同的度量单位，其中一种是以"号"为度量单位，如常用的初号、小初、一号等；另一种是以国际上通用的"磅"（28.35 磅等于 1 厘米）为度量单位。

用户还可以根据自己的需要设定字体的颜色，Word 2021 中预调了 256 种常用的颜色，另外，还可以使用 RGB 颜色进行个性化设置。RGB 俗称三原色，指红（red）、绿（green）、蓝（blue）三色，任何颜色都可以用这三种颜色混合而成。

实践操作

1. 使用"字体"组设置文字格式

"字体"组位于"开始"选项卡中最显眼的位置，可见其重要性。最常用的字符格式选项在"字体"组中都能看到，用户通过该组可以快速地对文本的字体、字号、颜色、字形等进行设置。"字体"组如图 2-23 所示。

图 2-23 "字体"组

操作步骤如下：

（1）更改字体。选中"初三数学公开课通知"文本，将光标移动到"字体"下拉列表上，单击其右侧的下拉箭头，在弹出的下拉列表中选择字体为"黑体"，单击鼠标左键，确定选择，如图 2-24 所示。此时下拉列表自动收回，选中的文本就变成了黑体字。

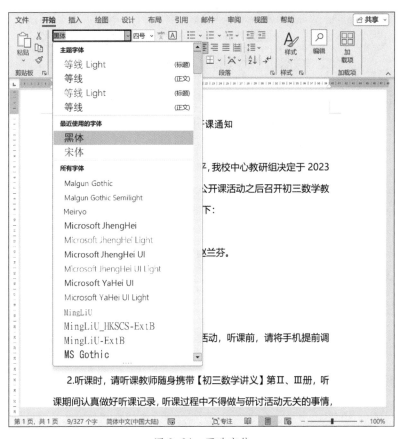

图 2-24　更改字体

提示

　　选择文本后，打开"字体"下拉列表，将光标移动到任意一个字体名称上，可以看到被选择的文本字体随之发生了变化，这就是 Word 2021 的"预览"功能。

　　（2）改变文本的大小。打开"字号"下拉列表，选择"二号"选项，可以看到屏幕上的字号已经变大，单击鼠标左键，确定对字号的更改，如图 2-25 所示。

　　同样能达到改变字体大小的按钮还有"A̍"和"A̖"，从图标上可以看出，"A̍"是增大字号，"A̖"是缩小字号。但是与"字号"下拉列表不同的是，这两个按钮只能依次改变字号的大小，如单击"A̍"按钮，字号会由"二号"增大为上一级的"小一"。

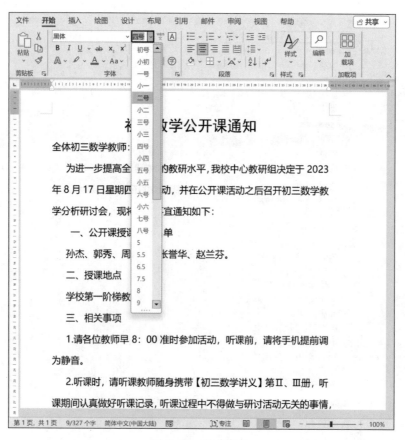

图 2-25　更改字号

提示

　　一般情况下，若字体大小以"磅"为单位，为了方便阅读，文本的字号应设置在 8 磅以上；若字体大小以字号为单位，文本的输入默认为五号字。

　　（3）选中"2023 年 8 月 17 日星期四"文本，单击"加粗"按钮" B "，可以看到该文本被加粗了，如图 2-26 所示。

　　与"加粗"按钮的使用方法类似，"倾斜"按钮" I "可以达到让字体倾斜的效果。

　　（4）选中"公开课授课教师名单"教师行，单击"下画线"按钮" U "，该行的文字就被添加了下画线，如图 2-27 所示。单击"下画线"按钮旁的下拉箭头，还会弹出下画线下拉列表，从中对下画线的样式和颜色进行设置。

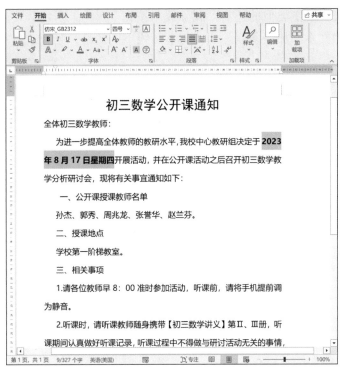

图 2-26　加粗文本

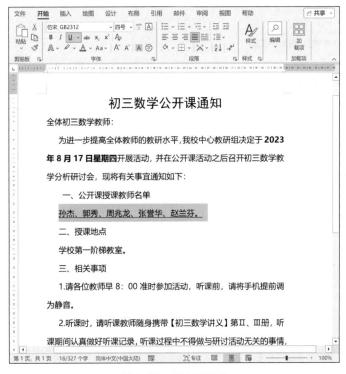

图 2-27　添加下画线

　　与"下画线"按钮类似的还有"删除线"按钮" ab "，顾名思义，这个按钮的作用就是为选中的文本添加一条删除线。与下画线不同的是，删除线贯穿所选文字，而不是位于文字下方。

　　（5）选中数字"1."，单击"带圈字符"按钮" ⊕ "，弹出"带圈字符"对话框，在该对话框中可以选择带圈字符的样式、文字和圈号，用户可以按自己的需求进行选择，如图 2-28 所示。

　　与"带圈字符"类似的还有"字符边框"按钮" A "，选中文字后再单击这个按钮，可以为选中的文字加上方形的边框。

　　字体和字号更改完成后的效果如图 2-29 所示。

图 2-28　设置带圈字符

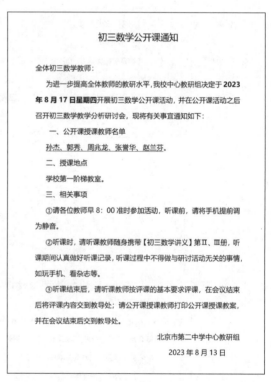

图 2-29　更改效果

　　在"字体"组中还有一些经常用到的按钮，熟练运用这些按钮可以极大地方便用户对文档进行编辑。下面对这些按钮的功能进行简要介绍。

　　● "更改大小写"按钮" Aa∨ "：将所选择的所有文字更改为全部大写、全部小写或其他常见的大小写形式。

　　● "清除所有格式"按钮" A◇ "：选中需要清除格式的文字，单击这个按钮，可以将设置的所有格式全部清除，变为纯文本格式。

● "拼音指南"按钮" ^{wén}文 "：选中文字，单击这个按钮将弹出"拼音指南"对话框，提示用户选中文字如何正确拼音。

● "上标"按钮" x² "：将所选文字提到基准线上方，并将所选文字更改为较小的字号（如果较小的字号可用）。

● "下标"按钮" x₂ "：将所选文字降到基准线下方，并将所选文字更改为较小的字号（如果较小的字号可用）。

如果希望提升或降低所选文字而不更改字号，可打开"字体"对话框中的"高级"选项卡，单击"位置"下拉列表中的"上升"或"下降"。

● "文本突出显示颜色"按钮" 🖉 ˇ "：指定所选文字的背景色，以使所选文本更为突出。单击该按钮右侧的下拉箭头，在下拉列表中可以选择背景色的颜色。

● "字体颜色"按钮" A̱ · "：指定所选文字的颜色。单击该按钮右侧的下拉箭头，在弹出的下拉列表中可以选择颜色。单击"自动"选项会应用在 Microsoft Windows 控制面板中定义的颜色。如果没有对其进行更改，则默认颜色为黑色。

● "字符底纹"按钮" A "：选中某行，单击该按钮可以为整行添加字符底纹。

提示

　　Word 2021 提供了快速格式化字符的方式，具体方法如下：首先选中需要格式化的文本，如"通知"，此时在被选文本的右上方会显示出半透明的"快速格式化"工具栏，将光标移动到该工具栏上，它就会变得清晰可见，如图 2-30 所示。用户可以根据需要选择相应的操作。

图 2-30　"快速格式化"工具栏

2. 使用"字体"对话框设置字符格式

在"字体"组中只列出了常用的字体格式工具选项，还有一些格式选项要通过"字体"对话框来设置。

下面仍以编辑"通知"文档为例，对文本进行设置。

要求如下：

● 将"初三数学公开课通知"文本的字体、字号设置为黑体、二号。

● 将"2023 年 8 月 17 日星期四"文本加粗，进行强调。

● 为"公开课授课教师名单"教师行加下画线，进行强调。

操作步骤如下：

（1）选中需要操作的文本"初三数学公开课通知"，单击"字体"组中的对话框启动器，或单击鼠标右键，从快捷菜单中选择"字体"选项，也可以使用 Ctrl+D 组合快捷键，打开图 2-31 所示的"字体"对话框。在"字体"对话框中有两个选项卡，分别为"字体"和"高级"选项卡，每个选项卡用于设置字符格式的不同方面。

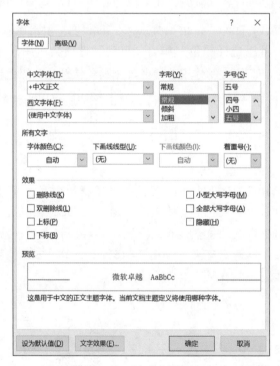

图 2-31　"字体"对话框

（2）打开"中文字体"下拉列表，选择"黑体"，此时可以在"预览"显示区中看到所选择的文本已经变为黑体。在"字号"输入框中输入"二号"，或在选择框中选择"二号"，可以看到"预览"显示区中显示文本已经增大为二号。

（3）单击"确定"按钮返回文档，再选中"2023 年 8 月 17 日星期四"文本，进入"字体"对话框，在"字形"选择框中选择"加粗"，可以在"预览"显示区中看到选中的文本已经变为粗体字。

（4）单击"确定"按钮返回文档，再选中"公开课授课教师名单"教师行，进入

"字体"对话框，在"下画线线型"下拉列表中选择所需要的下画线类型，此时可以在"预览"显示区中看到选中的文本已经添加了下画线。此时单击"确定"按钮返回文档，可以看到，需要的修改已经完成。

"字体"选项卡中除了"字体"组的大多数字符格式选项外，还有其他一些格式选项，如通过"文字效果"按钮设置空心字等。"字体"选项卡中还有一个"效果"选项组，其中包括"删除线""双删除线""上标""下标""小型大写字母""全部大写字母"及"隐藏"等选项，用户可以逐一尝试，在"字体"对话框底部的"预览"显示区可以看到应用它们之后的效果。

3. 设置字符间距

在通常情况下，文本是以标准间距显示的，这样的字符间距适用于绝大多数文本，但是有的时候为了创建一些特殊的文本效果，需要将文本的字符间距扩大或缩小。

以"通知"文档为例，将标题设置为"通知"二字后，拉大字符间距。

操作步骤如下：

（1）删除"通知"文本前的文字，选中"通知"文本，打开"字体"对话框，单击"高级"选项卡，如图 2-32 所示。

图 2-32　"高级"选项卡

（2）打开“间距”下拉列表，选择“加宽”选项，并将“磅值”改为 50 磅，单击“确定”按钮后返回文档，可以看到“通知”二字之间的距离已经拉大了，如图 2-33 所示。

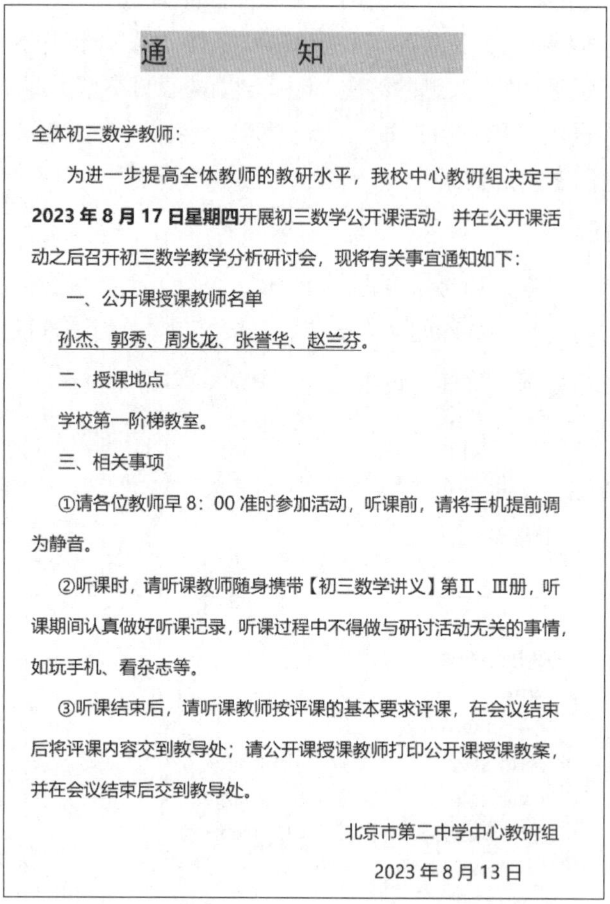

通　　　　　知

全体初三数学教师：

为进一步提高全体教师的教研水平，我校中心教研组决定于 **2023 年 8 月 17 日星期四**开展初三数学公开课活动，并在公开课活动之后召开初三数学教学分析研讨会，现将有关事宜通知如下：

一、公开课授课教师名单

孙杰、郭秀、周兆龙、张誉华、赵兰芬。

二、授课地点

学校第一阶梯教室。

三、相关事项

①请各位教师早 8：00 准时参加活动，听课前，请将手机提前调为静音。

②听课时，请听课教师随身携带【初三数学讲义】第Ⅱ、Ⅲ册，听课期间认真做好听课记录，听课过程中不得做与研讨活动无关的事情，如玩手机、看杂志等。

③听课结束后，请听课教师按评课的基本要求评课，在会议结束后将评课内容交到教导处；请公开课授课教师打印公开课授课教案，并在会议结束后交到教导处。

北京市第二中学中心教研组

2023 年 8 月 13 日

图 2-33　加大字符间距的效果

在“字符”对话框中还有一些其他选项，它们的作用如下：

● 缩放：在“缩放”下拉列表中选择百分比数值，可以改变文字在水平方向上的缩放比例。直观来看，就是文字变“胖”或者变“瘦”了。

● 间距：它的作用就是调整文字之间空隙的大小，有“标准”“加宽”“紧缩”选项，也可以在此基础上指定需要增加或缩减的文字之间的间距。

● 位置：用来调整所选文字相对于标准文字基线的位置。可以选择文字位置为“标准”“上升”或“下降”，然后指定需要文字在基线上上升或下降的磅值。这与“上标”和“下标”按钮的作用不同，“上标”“下标”按钮是将上升或下降的文字变得比标准文字小，而“位置”选项并不改变文字的大小。

● 为字体调整字间距：如果选中该复选框，在应用缩放字体时，只要它们大于或等于用户指定的大小，Word 2021 将自动调整字间距。

4．设置首字下沉

在阅读报刊时，经常会看到文章开头的第一个字符比文档中的其他字符要大，或者是字体不同，显得非常醒目，更能引起读者的注意，这就是首字下沉的效果。首字下沉在文本编辑中也是经常用到的一种文本修饰方法。

以"通知"文档为例，将正文的第一个字设置为首字下沉。

操作步骤如下：

（1）选中要下沉的字符。

（2）选择"插入"选项卡下的"文本"组，单击"首字下沉"按钮，在弹出的下拉菜单中选择"首字下沉选项"选项，打开"首字下沉"对话框，如图 2-34 所示。

图 2-34　"首字下沉"对话框

（3）在该对话框的"位置"选项组中选择"下沉"方式。

（4）在"选项"选项组的"字体"下拉列表中选择下沉字符的字体。默认的选项是宋体，用户可以根据自己的需要更改。

（5）在"下沉行数"文本框中设置首字下沉所占用的行数，一般默认为 3 行。

（6）在"距正文"文本框中设置首字与正文之间的距离。

（7）单击"确定"按钮完成设置，效果如图 2-35 所示。

通　　知

全体初三数学教师：

为进一步提高全体教师的教研水平，我校中心教研组决定于 **2023 年 8 月 17 日星期四**开展初三数学公开课活动，并在公开课活动之后召开初三数学教学分析研讨会，现将有关事宜通知如下：

　一、公开课授课教师名单

孙杰、郭秀、周兆龙、张誉华、赵兰芬。

二、授课地点

学校第一阶梯教室。

三、相关事项

①请各位教师早 8：00 准时参加活动，听课前，请将手机提前调为静音。

②听课时，请听课教师随身携带【初三数学讲义】第Ⅱ、Ⅲ册，听课期间认真做好听课记录，听课过程中不得做与研讨活动无关的事情，如玩手机、看杂志等。

③听课结束后，请听课教师按评课的基本要求评课，在会议结束后将评课内容交到教导处；请公开课授课教师打印公开课授课教案，并在会议结束后交到教导处。

北京市第二中学中心教研组

2023 年 8 月 13 日

图 2-35　设置首字下沉的效果

提示

　　一般使用"下沉"方式比较多，而且下沉的行数最好不要太多，只下沉 2~5 行即可，否则首字太突出，反而影响文档美观。

在"首字下沉"对话框中可以看到，如果将首字设置为"悬挂"下沉方式，那么首字会脱离正文，悬挂在正文外面，用户可以尝试设置并查看效果。

5. 更改文字方向

在 Word 2021 中，用户可以更改文档中文字的方向，将文字设置为横排或竖排，并且可以设置竖排的方式。

下面，以唐诗《春晓》文档为例，设置文字竖排。具体操作步骤如下：

（1）选择"布局"选项卡下的"页面设置"组，单击"文字方向"按钮，在弹出的下拉菜单中选择"垂直"选项，如图 2-36 所示。此时的操作是对整篇文档进行设置的，可以看到，文档已经按照人们的阅读习惯，变成靠右的竖排了，如图 2-37 所示。

（2）在"文字方向"下拉菜单中选择"文字方向选项"选项，弹出"文字方向 - 主文档"对话框，如图 2-38 所示。在"方向"选项组中选择所需的文字方向，此时，在"预览"显示区中可以看到文字方向效果，在"应用于"下拉列表中选择是应用于"整篇文档"还是"插入点之后"。单击"确定"按钮，就可以看到文档的设置效果。

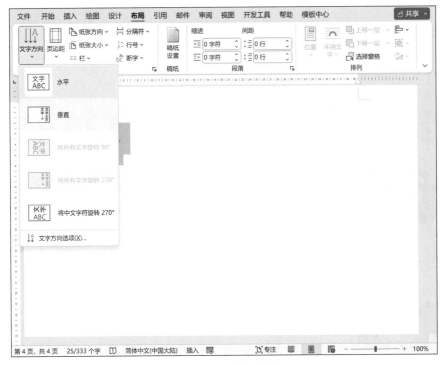

图 2-36　设置文字方向

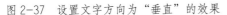

图 2-37　设置文字方向为"垂直"的效果

图 2-38　"文字方向－主文档"对话框

提示

如果在进行文字方向设置前没有选择文字，则"应用于"下拉列表中将出现"插入点之后"选项。如果不是对整篇文档进行文字方向的设置，不同方向的文字将会分页显示。

任务 5　在文档中查找和替换需要的内容

学习目标

1. 能使用常规查找和替换功能。
2. 能使用高级查找和替换功能。

任务描述

在篇幅较大的文档中人工查找某些词语或句子，工作量非常大，既费时费力，又容易出错。Word 2021 在"开始"选项卡下的"编辑"组中提供了查找和替换的功能，使用户可以轻松、快捷地完成文本的查找和替换。

本任务以文章《故都的秋》为例，查找文本"北平"，并将"北平"替换为"北京"。

相关知识

查找，顾名思义就是在文档中搜索相关的内容。使用 Word 2021 提供的"查找"功能，用户可以在文档中查找指定的文本内容，还可以利用"替换"功能，将所查找到的文本更改为指定的文本。

　　查找操作和替换操作的方法大致相同，区别在于在进行替换操作时还需要输入用于替换的目标文本。

　　在 Word 2021 中，用户不仅可以查找文档中的普通文本，还可以对文档的格式进行查找和替换，其查找和替换的功能更加强大、有效。

1. 常规查找和替换

　　下面以郁达夫的散文《故都的秋》为例，来学习如何查找和替换。

　　北京在新中国成立前称"北平"，《故都的秋》里也把"北京"称为"北平"，现在试着来找找文章里是否有"北平"这个词。

　　Word 2021 提供了快速查找功能，在"视图"选项卡中勾选"显示"组中的"导航窗格"，或使用 Ctrl+F 组合快捷键打开导航窗格，在搜索框中输入检索词并确认后，Word 2021 将找到文中出现的全部该检索词并高亮显示。同时，在导航窗格中还可以通过标题、页面、结果三个标签查看该检索词出现的大纲位置、页面缩略图和前后文，如图 2-39 所示。

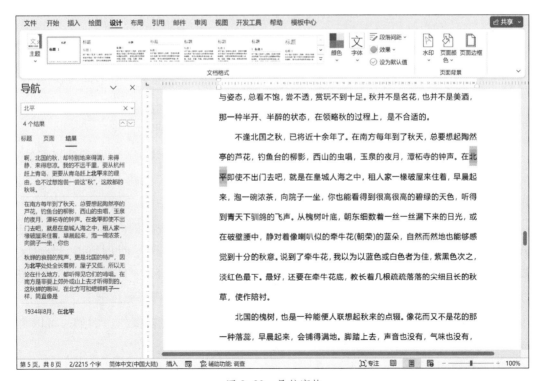

图 2-39　导航窗格

此外，Word 2021 还提供了高级查找功能。

高级查找的具体操作步骤如下：

（1）将插入点设置在文档的起始位置，选择"开始"选项卡下的"编辑"组，单击"查找"按钮下拉菜单，选择"高级查找"选项，打开"查找和替换"对话框，如图 2-40 所示。

图 2-40 "查找和替换"对话框

（2）在"查找内容"文本框中输入要查找的内容，如"北平"二字。

（3）单击"查找下一处"按钮，即可将光标定位在文档中第一个要查找的目标处，此时可以看到，"北平"二字的背景色变成了灰色。继续单击"查找下一处"按钮，可以依次查找文档中相应的内容。

在"查找"选项卡中还有一个功能，可以将全文中需要查找的内容突出显示。打开"阅读突出显示"按钮下拉菜单，选择"全部突出显示"选项，此时可以看到，文档中所有的"北平"字样被以相同的颜色显示出来了。再次打开"阅读突出显示"按钮下拉菜单，选择"清除突出显示"选项，就只有第一个查找内容被选中了。

在文档中查找到指定的内容后，用户还可以对其进行替换操作。例如，可以将《故都的秋》中的"北平"全部替换为"北京"。

具体操作步骤如下：

（1）将插入点设置在文档的起始位置，选择"开始"选项卡下的"编辑"组，单击"替换"按钮。也可以使用 Ctrl+H 组合快捷键，打开"查找和替换"对话框的"替换"选项卡，如图 2-41 所示。

图 2-41 "替换"选项卡

（2）在"查找内容"文本框中输入要查找的内容"北平"。

（3）在"替换为"文本框中输入要替换的内容"北京"，如图 2-42 所示。

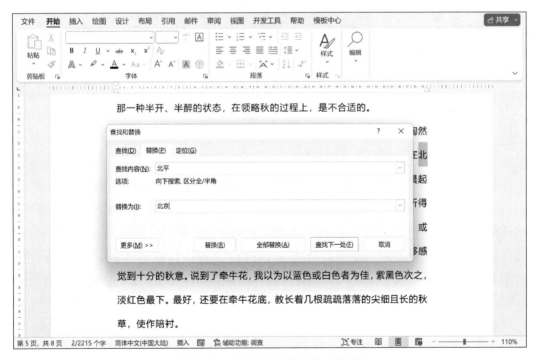

图 2-42 将"北平"替换为"北京"

（4）单击"替换"按钮，系统将从插入点所在的位置向后查找，并突出显示第一处"北平"文字所在位置。

（5）此时的操作并不是立即替换，而是显示第一个"北平"文字所在的位置。如果用户决定替换，可以单击"替换"按钮，这时可以看到，第一个"北平"已经变成了"北京"，同时文档中的第二个"北平"被选中，等待用户替换。如果用户不打算替换，可以单击"查找下一处"按钮，则当前的文本不会被替换，仅仅作为"查找"功能使用。

（6）如果用户决定将全文的"北平"都替换成"北京"，可以单击"全部替换"按钮，系统将自动搜索文中的"北平"并全部替换为"北京"。最后，弹出对话框提示用户替换完成，如图 2-43 所示。

图 2-43　替换提示

（7）如果用户决定从文档的开始处再搜索一遍，以查看是否有遗漏，可以单击"是"按钮；如果觉得替换可以到此结束，单击"否"按钮，返回"查找和替换"对话框，选择进行下一步操作或者关闭对话框。

2. 高级查找和替换

如果希望在查找和替换时控制搜索的范围、区分大小写、使用通配符、设置格式，或者希望使用某些特殊字符等，就必须借助"高级查找和替换"功能了。

在"查找和替换"对话框中，无论是"查找"选项卡，还是"替换"选项卡，单击左下角的"更多"按钮，都可以设置查找和替换的高级选项。它们的各种选项功能一致。

单击"更多"按钮，在"搜索选项"中可以看到有多个选项，在此简要介绍一下各选项的功能。用户在熟练掌握了"查找和替换"功能后可以逐一尝试具体的应用，这里不再赘述。

● "搜索"下拉列表：设置文档的搜索范围。选择"全部"选项，将在整个文档中搜索；选择"向下"选项，将从插入点处向下搜索；选择"向上"选项，将从插入点处向上搜索。

● "区分大小写"复选框：选中该复选框，可以在搜索时区分字母的大小写。

● "全字匹配"复选框：选中该复选框，可以在文档中搜索符合条件的完整单词，而不是搜索单词的一部分。

● "使用通配符"复选框：选中该复选框，可以搜索输入"查找内容"文本框中的通配符、特殊字符或特殊搜索操作符等。

● "同音（英文）"复选框：主要用于英文的查找与替换。选中该复选框后，会搜索所有与"查找内容"文本框中内容读音相同的单词。

● "查找单词的所有形式（英文）"复选框：主要用于英文的查找与替换。选中该复选框后，会搜索"查找内容"文本框中内容的所有格式，如现在进行时、过去时等。

● "区分前缀"复选框：选中该复选框，可以防止出现断章取义的情况。例如，只希望查找"什么"，选中该复选框后，文档中的"为什么"一词就不会因为包含"什么"二字被标注出来，使查找更加精确。

● "区分后缀"复选框：此复选框的功能也是为了防止断章取义。例如，当用户只想查找"替换"一词时，选中该复选框后，文档中所有的"替换为"都不会被标注出来。"区分前缀"和"区分后缀"在英文文档的查找和替换中更容易发挥作用。

● "区分全 / 半角"复选框：选中该复选框可以在查找时区分全角和半角。

● "忽略标点符号"复选框：选中该复选框，在查找时会忽略标点符号。一个词中间即使加入了标点符号，也会被找出。当然，也会发生标点前后的词属于两句话，但因为可以组成所要查找的词组而被找出来的情况。如查找"西安"一词，却把"小西，安好"这个句子中的"西"和"安"二字找了出来。

● "忽略空格"复选框：选中该复选框，在查找时会忽略空格。

● "格式"按钮：单击该按钮，可以弹出下一级子菜单，在该子菜单中可以设置替换文本的格式，如字体、段落、制表位等。

● "特殊格式"按钮：单击该按钮，可以弹出下一级子菜单，在该子菜单中可以选择要替换的特殊字符，如段落标记、省略号等。

● "不限定格式"按钮：设置替换文本的格式后，单击该按钮可以取消替换文本的格式设置。

任务 6　撤销和恢复文本

学习目标

1. 能完成撤销操作。
2. 能完成恢复操作。

任务描述

在进行文档编辑的时候，难免会出现输入错误，或者在排版过程中出现误操作的现象。因此，撤销和恢复功能就显得尤为重要。

本任务以文档《故都的秋》为例，将部分文字删除后进行恢复。

相关知识

Word 2021 可以自动记录用户的每一步操作，在需要时，可以撤销当前的操作，恢复为之前的内容。Word 2021 中有快速撤销与恢复操作的按钮。

撤销和恢复是相对应的，撤销是取消上一步的操作，而恢复就是把撤销操作再更改回来。撤销和恢复以输入的内容为单位，如输入一个字符后选择"撤销"功能，Word 2021 会将该字符删除；若输入的是一个词组，那么删除的也将是一个词组。

实践操作

1. 撤销操作

Word 2021 会随时记录用户工作中的操作细节，细致到上一个字符的输入、上一次格式的修改等。因此，当出现了误操作时，可以执行撤销操作，恢复上一步的工作。

这里以上一任务中使用过的文档《故都的秋》为例，将第一段逐字删除，如果希望撤销删除操作，有以下两种操作方法。

（1）找到快速访问工具栏"自动保存 关 🖫 ⤺ ⤻ "上的"撤销"按钮"⤺"，单击右侧的下拉箭头，打开图 2-44 所示的"撤销"按钮下拉列表，里面列出了可以撤销的所有操作。

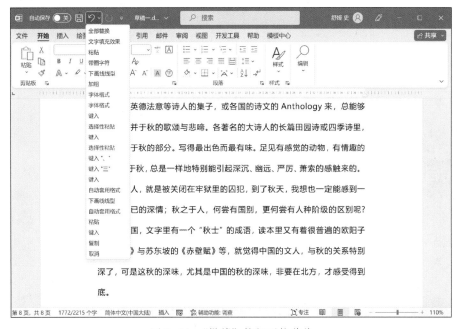

图 2-44　"撤销"按钮下拉菜单

（2）如果只需要撤销最后一步操作，也就是恢复第一段，可以直接单击快速访问工具栏上的"撤销"按钮，或者使用 Ctrl+Z 组合快捷键来完成。

提示

如果快速访问工具栏中没有"撤销"按钮"↺"，可以单击快速访问工具栏右侧的"自定义快速访问工具栏"按钮"▾"，选中相应的操作，就可以将该按钮调出来了。其他选项的操作与本操作方法类似。

2. 恢复操作

执行完撤销操作后，"撤销"按钮右侧的"恢复"按钮"↻"将变得可用，表明已经进行过撤销操作。此时如果用户想再度恢复撤销操作之前的内容，可以执行恢复操作。

现在来恢复被删除了的第一段，同样也有两种实现方法。

（1）单击快速访问工具栏上的"恢复"按钮"↻"，恢复到所需要的操作状态。与"撤销"方法类似，该方法可以恢复一步或者多步操作。

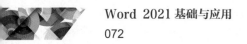

（2）使用 Ctrl+Y 组合快捷键进行恢复操作。

任务 7　设置自动更正选项

学习目标

1. 能设置自动更正选项。
2. 能使用"自动更正"选项卡。
3. 能添加自动更正词条。

任务描述

Word 2021 能自动地对一些错误进行更正，如英文单词"the"被错误地拼写成"teh"，或者成语"作威作福"被写成了"做威做福"，Word 2021 都会自动更正。

首字母大写是 Word 2021 的默认功能，如果句子的首字母在输入时并非大写，Word 将自动把它更正为大写字母。本任务将对这项功能进行设置，并添加自动更正的词条，使 Word 2021 能将文字"强生婴儿"自动更正为"强生婴儿湿纸巾"。

相关知识

"自动更正"功能主要关注常见的输入错误，并会在出错的时候自动更正它们。很多时候，在用户意识到这些错误之前，它们就已经被自动更正了。

如输入英文词组"the day before yesterday"，输入完单词"the"后按空格键，注意观察首字母"t"，会发现它变成了大写字母"T"。这是因为按照英文拼写习惯，句首第一个字母应该大写。Word 2021 的自动更正功能不仅仅针对英文，汉字中经常出现的错误也会被自动更正。

用户也可以设置自己的自动更正词条，节省输入文本的时间，同时保证文本的正确率。

1. 设置自动更正选项

对于上例"The day before yesterday"，要想控制它的自动更正功能，可以将光标移动到"T"字母上，此时可以在光标的下方发现一个小图标" ▬ "，将光标继续下移到这个图标上，它会展开变成"自动更正"按钮" ʒ·"，单击按钮右侧的下拉箭头展开下拉菜单，如图 2-45 所示。

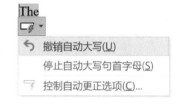

图 2-45 "自动更正"选项

如果选择"撤销自动大写"选项，那么仅在此次操作中取消自动大写；如果选择"停止自动大写句首字母"选项，可以看到该选项前出现一个" ✓ "图标，表示停止句首字母自动大写功能。

选择"控制自动更正选项"，弹出"自动更正"对话框。这里的"自动更正"选项卡中给出了自动更正的多个选项，如果不希望句首字母自动更改为大写字母，可以取消选中"句首字母大写"复选框，如图 2-46 所示。

图 2-46 "自动更正"选项卡

单击"确定"按钮后返回文档，此时再输入"the day before yesterday"，可以看到首字母不会再被更正成大写字母了。

"自动更正"选项卡中给出了自动更正的多个选项，用户可以根据需要选择相应的选项。在"自动更正"选项卡中，各选项的功能如下：

● "显示'自动更正选项'按钮"复选框：选中该复选框后可以显示"自动更正选项"按钮。

● "更正前两个字母连续大写"复选框：选中该复选框后，可以将前两个字母连续大写的单词更正为仅有首字母大写。

● "句首字母大写"复选框：选中该复选框后，可以将句首字母没有大写的单词更正为句首字母大写。

● "表格单元格的首字母大写"复选框：选中该复选框后，可以将表格的单元格中的英文首字母设置为大写。

● "英文日期第一个字母大写"复选框：选中该复选框后，可以将英文日期单词的第一个字母设置为大写。

● "更正意外使用大写锁定键产生的大小写错误"复选框：选中该复选框后，可以对由于误按大写锁定键（Caps Lock 键）产生的大小写错误进行更正。

● "键入时自动替换"复选框：选中该复选框后，可以打开自动更正和替换功能，即更正常见的拼写错误，并在文档中显示"自动更正"图标。

● "自动使用拼写检查器提供的建议"复选框：选中该复选框后，可以在输入时自动用功能词典中的单词替换拼写有误的单词。

提示

在快速访问工具栏上单击鼠标右键也能调出"自动更正"选项卡。操作方法是：在快速访问工具栏上单击鼠标右键，在弹出的快捷菜单中选择"自定义快速访问工具栏"，打开"Word 选项"对话框。单击左侧的"校对"选项，在右侧单击"自动更正选项"按钮，弹出"自动更正"对话框，选择"自动更正"选项卡即可进行设置。

2. 添加自动更正词条

Word 2021 还提供了一些自动更正词条，通过滚动浏览"自动更正"选项卡下方的下拉列表，可以仔细查看"自动更正"的词条。用户可以根据需要添加新的自动更正词条。

例如，要把"强生婴儿湿纸巾"词条加入 Word 中，当用户输入"强生婴儿"词条的时候，自动更正为"强生婴儿湿纸巾"。操作方法如下：

（1）调出"自动更正"对话框，选择"自动更正"选项卡。

（2）勾选"键入时自动替换"复选框，并在"替换"文本框中输入"强生婴儿"，在"替换为"文本框中输入"强生婴儿湿纸巾"。

（3）单击"添加"按钮，即可将其添加为自动更正词条，并显示在下拉列表中，如图 2-47 所示。

图 2-47　添加自动更正词条

（4）单击"确定"按钮完成添加，关闭"自动更正"对话框。

以后在输入文本时，当输入"强生婴儿"后，可以看到输入的"强生婴儿"立即被替换为"强生婴儿湿纸巾"。

自动更正的一个非常实用的用途是可以实现快速输入。因为在"自动更正"对话框中，除了可以创建较短的更正词条外，还可以将在文档中经常使用的一大段文本，甚至是带格式的文本，作为新建词条添加到下拉列表中，一些精美的图片甚至都可以作为自动更正词条保存起来。这样，在输入文档时，只要输入相应的词条名，再按一次空格键就可以转换为该文本或图片。

提示

当使用某一词条实现快速输入具有某一格式的文本时，先选中带有格式的文本，然后打开"自动更正"对话框中的"自动更正"选项卡，此时可以看到在"替换为"文本框中已经显示出复制的带格式的文本（此时需要选择"带格式文本"单选框），在"替换"文本框中输入词条后，单击"添加"按钮将其加入下拉列表中，单击"确定"按钮完成添加。以后在输入该词条后，再输入空格，该词条将会被带格式的文本所取代。

任务 8 使用拼写和语法检查

1. 能描述拼写和语法错误提示的内容及含义。
2. 能利用更正功能改正错误。
3. 能启用/关闭输入时自动检查拼写和语法错误功能。

在文档中输入了大量内容后，经常可以看到文字下方有红色的波浪线和蓝色的双线，这些线是 Word 2021 用于提示用户该处可能存在拼写或语法问题的，用户根据这些提示，可以快速发现文档中的错误并更正。在输入文本时自动进行拼写和语法检查是 Word 2021 默认的操作，但如果文档中包含较多的特殊拼写或特殊语法，启用输入时自动检查拼写和语法错误功能，会对用户编辑文档产生一些不便之处。如果不希望 Word 自动提示，就需要进行相应的设置。

在 Word 2021 中，除了可以在输入时对文本进行拼写和语法检查外，还可以对已完成的文本进行拼写和语法检查。

本任务以英文儿歌 *London bridge* 文档为例，学习如何查看可能的拼写或语法问题，利用 Word 2021 提供的更正功能进行错误更正，并学习如何设置启动或关闭输入时自动检查拼写和语法错误功能。

Word 2021 提供了自动拼写检查和自动语法检查功能，当用户在文档中输入了错误的或者不可识别的单词时，Word 2021 会在该单词下用红色波浪线进行标记；如果出现了语法错误，则在出现错误的部分用蓝色双线进行标记。在带有波浪线的文字上单击鼠标右键，会弹出一个快捷菜单，其中列出了修改建议。

为了提高拼写和语法检查的速度与精度，还可以使用"校对"任务窗格来自定义拼写和语法检查设置。

1. 更正拼写和语法错误

在文档中有时可以看到输入的文本被 Word 2021 加上了红色的波浪线或蓝色的双线，图 2-48 所示为英文儿歌 *London bridge*，可以看到，文中有两处被标记出有可能存在拼写或者语法错误。

图 2-48 所示的拼写或语法错误可以通过调出快捷菜单来更正错误，操作方法如下：

（1）将光标移动到画有红色波浪线的单词"down, falling"上，单击鼠标右键，弹出图 2-49 所示的快捷菜单。

（2）在图 2-49 所示快捷菜单中，会显示可能的正确拼写建议，选择其中正确的拼写方案即可替换原有的错误拼写。如选择"down, falling"选项，可以看到文本中已经将拼写错误的单词自动更正过来了，如图 2-50 所示。

在拼写错误快捷菜单中，主要选项的功能如下：

● "全部忽略"选项：用来忽略所有相同的拼写，不再显示拼写错误波浪线。

● "添加到词典"选项：用来将该单词添加到词典中，当用户再次输入该单词时，Word 2021 会自动认为该单词的拼写是正确的。

图 2-48　拼写或语法错误　　　图 2-49　拼写错误快捷菜单　　　图 2-50　拼写错误单词自动更正

● "添加到自动更正"选项：用来将该单词添加到自动更正列表中，若用户再次输入该错误单词，Word 2021 会自动更正。

2. 启用 / 关闭输入时自动检查拼写和语法错误功能

在编辑一些专业性较强的文档时，可将输入时自动检查拼写和语法错误功能关闭。

具体操作步骤如下：

（1）在快速访问工具栏中单击鼠标右键，选择"自定义快速访问工具栏"选项，如图 2-51 所示。

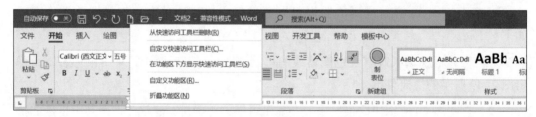

图 2-51　打开"自定义快速访问工具栏"菜单

（2）在弹出的"Word 选项"对话框中单击"校对"项，在"在 Word 中更正拼写和语法时"选项组中取消对"键入时检查拼写"复选框及"随拼写检查语法"复选框的勾选，如图 2-52 所示。要启用这些功能，只要再次选中相应的复选框即可。

3. 对整篇文档进行拼写和语法检查

以英文儿歌 *London bridge* 文档为例，具体操作步骤如下：

图 2-52　设置关闭"输入时自动检查拼写和语法错误"功能

（1）定位光标的位置。打开原始文件，将光标定位在要检查拼写和语法错误的起始位置。

（2）打开"校对"任务窗格。单击"审阅"选项卡下"校对"组中的"拼写和语法"按钮，打开"校对"任务窗格，如图 2-53 所示。

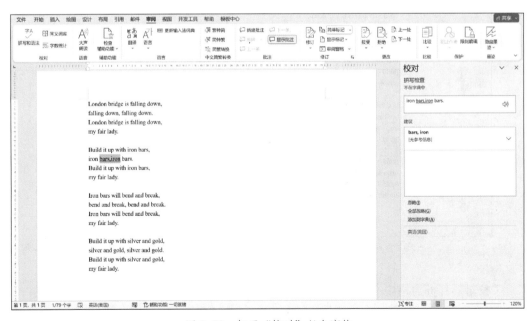

图 2-53　打开"校对"任务窗格

（3）显示搜索到的错误内容。在"校对"任务窗格中可看到在"拼写检查"文本框中显示出 Word程序搜索到的第一处错误语句。

（4）更改错误内容。自动查找出错误内容后，在"校对"任务窗格的"建议"文本框中显示错误内容，单击右侧的下拉箭头，在列表中选择"全部更改"选项，修改错误的内容，如图 2-54 所示。

（5）忽略错误内容。修改完毕，如果程序搜索到的有错误的内容是用户故意设置的格式，可直接单击"忽略"按钮，程序将跳过该处错误而选中下一处错误。

图 2-54　拼写更改

（6）完成拼写和语法的检查。继续对文档中的其余错误进行更改，全部更改完毕会弹出提示框，提示用户拼写和语法检查完成，单击"确定"按钮，完成检查操作，如图 2-55 所示。

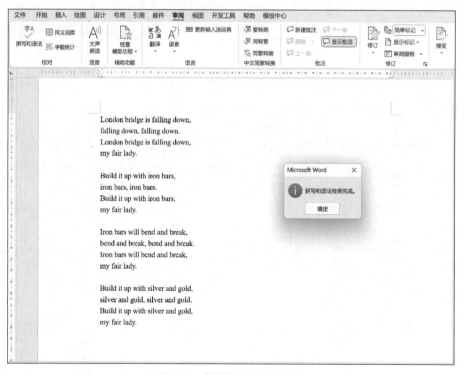

图 2-55　拼写和语法检查完成

"校对"任务窗格中主要选项的功能如下：

● "忽略"：忽略当前的错误并继续进行检查。

● "全部忽略"：用来忽略所有相同的错误。

● "添加到字典"：将该单词添加到字典中，当用户再次输入这个单词时，Word 2021 会自动认为该单词是正确的。

提示

在文档窗口的左下方可以看到一个显示拼写和语法错误的提示图标"⓪"，单击这个图标，Word 2021 会自动把用户带到文档中第一处拼写错误处，如果没有拼写错误，Word 2021 将弹出"拼写和语法检查完成"对话框来提示用户。

此时，文档示例经过上述修改后，将不存在拼写和语法错误或输入错误，是一篇内容准确的文档了。在文档下方可以看到，错误提示按钮上灰色的叉已经变成了灰色的笔。

任务 9　使用公式编辑器输入公式

能使用公式编辑器输入数学公式。

输入文本的时候不仅需要输入文字和字母，有时还会遇到输入许多数学公式的情况，公式编辑器可以帮助用户编辑此类文档。

本任务以输入公式 $f(x) = \dfrac{a^x}{a^x + \sqrt{a}}$ 为例，对公式编辑器的使用进行讲解。

在 Word 2021 中插入公式，可以利用"插入"选项卡下"符号"组中的"公式"按钮"π公式 ▼"，在文档的公式编辑区域内进行编辑；也可以利用"公式"按钮的下拉菜单，直接输入并编辑数学公式。

单击"公式"按钮后，用户就可以利用公式编辑器的工具栏输入符号、数字和变量，快捷地建立复杂的数学公式。建立公式时，公式编辑器可以根据数学符号和数学式的编排规则，自动调整公式中元素的大小、间距和格式编排，还可以方便、快速地修改已经制作好的数学公式，将公式与文档进行互排。

1. 用"公式"按钮输入数学公式

下面，以输入公式 $f(x) = \dfrac{a^x}{a^x + \sqrt{a}}$ 为例，具体操作步骤如下：

（1）单击要插入公式的位置，输入"$f(x) =$"。

（2）单击"插入"选项卡下"符号"组中的"公式"按钮，此时功能区会出现"公式"选项卡，如图 2-56 所示。同时，在插入点处出现灰色的公式编辑区域。

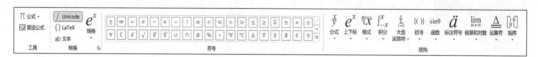

图 2-56 "公式"选项卡

（3）在"公式"选项卡下的"结构"组中选择所需要创建公式的样板或框架，本例中选择"分式"按钮，在弹出的下拉菜单中选择"□/□"选项，此时公式编辑区域显示为"$f(x) = \frac{\Box}{\Box}$"。

（4）将插入点移动到分子上，单击"结构"组中的"上下标"按钮，在下拉菜单中选择"□□"选项，用鼠标分别单击选中输入框，输入框变成灰色后即可输入字母"a"和字母"x"。此时，公式编辑区域显示为"$f(x) = \frac{a^x}{\Box}$"。

（5）将插入点移动到分母上，用同样的方法输入"a^x+"，此时，公式编辑区域显示为"$f(x)=\dfrac{a^x}{a^x+}$"。

（6）单击"根式"按钮，在弹出的下拉菜单中选择"$\sqrt{\square}$"选项，并在根号中输入字母"a"，输入完成的公式如图 2-57 所示。

$$f(x)=\frac{a^x}{a^x+\sqrt{a}}$$

图 2-57　输入完成的公式

如果用户需要编辑已有的公式，只需单击该公式，此时"公式"选项卡会自动出现。使用"公式"选项卡上的功能按钮来添加、删除或更改公式中的元素即可。

2. 用"公式"下拉菜单输入公式

单击"插入"选项卡下"符号"组中的"公式"按钮右侧的下拉箭头，可以打开"公式"下拉菜单，如图 2-58 所示。

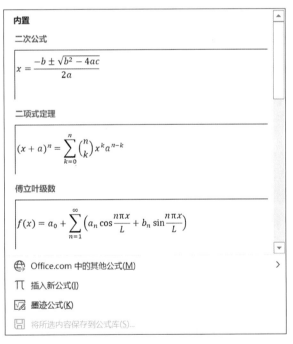

图 2-58　"公式"下拉菜单

用户在下拉菜单中可以选择一些常用的公式模板，根据需要改变变量和数字即可。在创建公式时，公式编辑器会自动调整格式，当然，用户也可以选择手动调整。

用户还可以把自己常用的公式保存到这个下拉菜单中，选中编辑好的公式，在

图 2-58 所示的下拉菜单中选择最下端一项"将所选内容保存到公式库"，以后就可以灵活地调用保存好的公式了。

Word 2021 还提供了如积分、大型运算符、函数、矩阵等功能按钮，利用这些功能按钮，用户可以方便地生成数学公式。

综合训练

输入宋词《念奴娇·赤壁怀古》及其注释，并设置格式。

念奴娇·赤壁怀古

大江东去，浪淘尽，千古风流人物。

故垒西边，人道是，三国周郎赤壁。

乱石穿空，惊涛拍岸，卷起千堆雪。

江山如画，一时多少豪杰。

遥想公瑾当年，小乔初嫁了，雄姿英发。

羽扇纶巾，谈笑间，樯橹灰飞烟灭。

故国神游，多情应笑我，早生华发。

人生如梦，一尊还酹江月。

【注释】

1. 大江：长江。

2. 淘：冲洗。

3. 故垒：黄州古老的城堡，推测可能是古战场的遗迹。

4. 周郎：周瑜，字公瑾，为吴中郎将时年仅 24 岁，吴中称他为"周郎"。

5. 雪：比喻浪花。

6. 遥想：远想。

7. 小乔：乔玄的小女儿，嫁给了周瑜。

8. 羽扇纶巾：手摇羽扇，头戴纶巾。这是古代儒将的装束，词中形容周瑜从容、娴雅。

9. 樯橹：船上的桅杆和橹。这里代指曹操的水军战船。

10. 故国：这里指旧地，当年的赤壁战场。

11. 华发：花白的头发。

12. 尊：通"樽"。

13. 酹：（古人祭奠）以酒浇在地上祭奠。这里指洒酒酬月，寄托自己的感情。

设置完成后的效果如图 2-59 所示。

念奴娇·赤壁怀古

大江 1 东去，浪淘 2 尽。千古风流人物。

故垒 3 西边，人道是，三国周郎 4 赤壁。

乱石穿空，惊涛拍岸，卷起千堆雪 5。

江山如画，一时多少豪杰。

遥想 6 公瑾当年，小乔 7 初嫁了，雄姿英发。

羽扇纶巾 8，谈笑间，樯橹 9 灰飞烟灭。

故国 10 神游，多情应笑我，早生华发 11。

人生如梦，一尊 12 还酹 13 江月。

【注释】

1. 大江：长江。

2. 淘：冲洗。

3. 故垒：黄州古老的城堡，推测可能是古战场的遗迹。

4. 周郎：周瑜，字公瑾，为吴中郎将时年仅 24 岁，吴中称他为"周郎"。

5. 雪：比喻浪花。

6. 遥想：远想。

7. 小乔：乔玄的小女儿，嫁给了周瑜。

8. 羽扇纶巾：手摇羽扇，头戴纶巾。这是古代儒将的装束，词中形容周瑜从容、娴雅。

9. 樯橹：船上的桅杆和橹。这里代指曹操的水军战船。

10. 故国：这里指旧地，当年的赤壁战场。

11. 华发：花白的头发。

12. 尊：通"樽"。

13. 酹：(古人祭奠）以酒浇在地上祭奠。这里指洒酒酬月，寄托自己的感情。

图 2-59　宋词《念奴娇·赤壁怀古》

提示

　　这是一首普通的宋词，在其后加入一些注释，注释采用下标的形式标记。词中有生僻字，在上面给出了拼音。文档中还插入了特殊符号"【 】"。

操作难点：

● 选中"念奴娇·赤壁怀古"，单击"开始"选项卡下"段落"组中的"居中"按钮"▆"，"段落"组的使用将在下一个项目中学习。

● 选中"注释"及其后的所有文本，在"字体"下拉框中选择"楷体_GB2312"，字号选择"小五"。

● 选中注释序号，在"开始"选项卡下"字体"组中单击"下标"按钮"×₂"，此时注释数字符号将变小并移到下方，设置效果如图 2-59 所示。

● 选中需要加注拼音的字，在"开始"选项卡下"字体"组中单击"拼音指南"按钮"文"，弹出"拼音指南"对话框，如图 2-60 所示。单击"确定"按钮，可以给"樯橹"加上拼音。

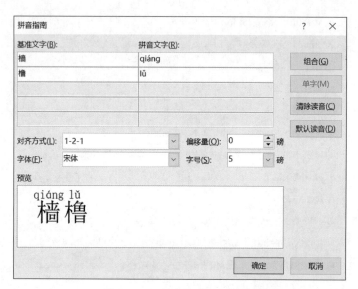

图 2-60 "拼音指南"对话框

● 将光标移至"注释"前，在"插入"选项卡下"符号"组中单击"符号"按钮"Ω符号"，在下拉菜单中选择"【"，再将光标移至"注释"后，插入"】"。

项目三
段落的格式化

　　Word 2021 的一个重要功能就是制作精美、专业的文档，它不仅提供了多种灵活的格式化文档，还提供了多种修改、编辑文档格式的方法，使制作出的文档更加美观。

任务 1　设置段落的水平对齐方式

　　　　　能设置段落的左对齐、居中、右对齐、两端对齐和分散对齐。

　　Word 2021 提供的段落对齐方式主要有左对齐、居中、右对齐、两端对齐和分散对齐五种。Word 2021 的段落格式命令适用于整个段落，将光标置于段落的任一位置都可以选定段落。

　　本任务以宋词《念奴娇·赤壁怀古》为例来学习段落对齐的设置方法。

　　要求如下：

1. 将标题"念奴娇·赤壁怀古"设置为三号、居中对齐。

2. 将注释设置为楷体、小五、左对齐。

段落是构成整个文档的骨架，包括文字、图片和各种特殊字符等元素。段落是指以 Enter 键结束的内容文档，是独立的信息单位，具有自身的格式特征。段落格式设置是指以段落为单位的格式设置。要设置段落格式，可以直接将光标插入要设置的段落中。设置段落格式主要是指设置对齐方式、段落缩进、行间距和段落间距等。

需要注意的是，这里所提到的段落与上语文课时所说的段落并不完全一致。无论内容多少，无论是标题还是文章内容，只要有 Enter 键标识，就决定了这是一个段落。

具体操作步骤如下：

（1）选中"念奴娇·赤壁怀古"行，设置其字号为三号，单击"开始"选项卡下"段落"组中的"居中"按钮"≡"，或者按 Ctrl+E 组合快捷键，使所选文本居中对齐，效果如图 3-1 所示。

（2）选中注释，将其设置为楷体、小五字号。单击"开始"选项卡下"段落"组中的"左对齐"按钮"≡"，或者按 Ctrl+L 组合快捷键，使所选文本左对齐，效果如图 3-2 所示。

在"开始"选项卡下的"段落"组中还有一些类似的功能按钮：

● 右对齐：单击"段落"组中的"右对齐"按钮"≡"，或按 Ctrl+R 组合快捷键，使所选文本右对齐，而左侧参差不齐。

● 两端对齐：单击"段落"组中的"两端对齐"按钮"≡"，或按 Ctrl+J 组合快捷键，使所选段落除末行外的左、右两边同时与左、右页边距或缩进对齐。

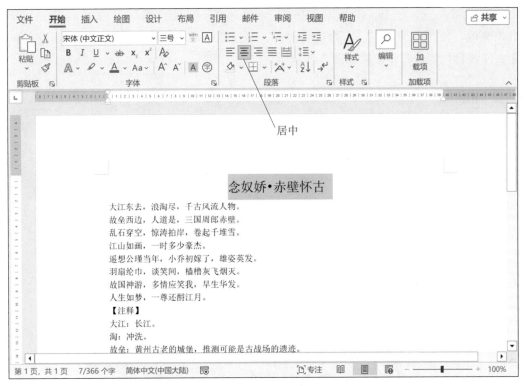

图 3-1 设置居中对齐

图 3-2 设置左对齐

● 分散对齐：单击"段落"组中的"分散对齐"按钮"▤"，或按 Ctrl+Shift+J 组合快捷键，使所选文本左、右两边均对齐。当所选的段落不满一行时，将拉开字符间距，使该行均匀分布，效果如图 3-3 所示。

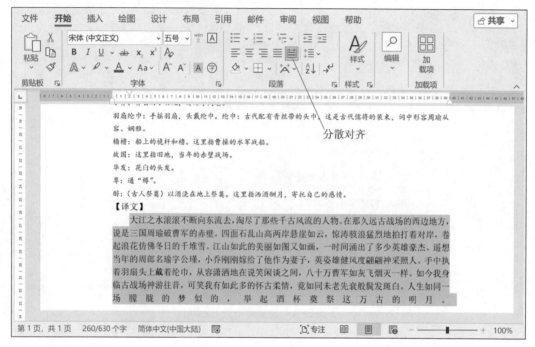

图 3-3　设置分散对齐

在图 3-3 中可以看到，因为最末一行的文本未满一行，所以字符间距被拉开，使段落末尾处于最末端。

 提示

将光标移动到新段落的开始处，再选定段落对齐的方式，则接下来输入的文本将按照已选定的方式对齐。

任务 2　设置段落的垂直对齐方式

1. 能使用"页面设置"对话框。
2. 能设置段落的顶端对齐、居中、两端对齐和底端对齐。

任务描述

设置段落的垂直对齐方式，可以快速地定位段落的位置。例如，制作一个封面标题，设置段落的垂直对齐就可以快速将封面标题置于页面的中央。

图 3-4 所示就是段落垂直对齐中的顶端对齐与居中的效果对比图。

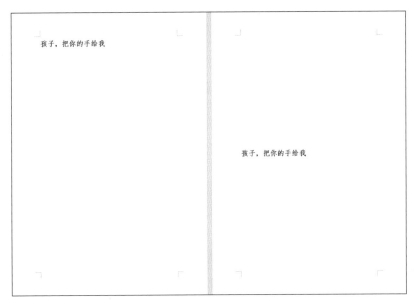

图 3-4　两种段落垂直对齐方式的效果对比（左为顶端对齐，右为居中）

相关知识

垂直对齐方式有顶端对齐、居中、两端对齐、底端对齐四种，用户可以根据需要进行设置。系统默认的段落垂直对齐方式为顶端对齐，即文字向顶端靠近。在"布局"选项卡下"页面设置"组中可以快速设置垂直对齐的方式。

想使一段文字置于页面中央，设置段落垂直对齐的操作步骤如下：

（1）选中需要设置的文本，单击"布局"选项卡下"页面设置"组中的对话框启动器，在打开的"页面设置"对话框中选择"布局"选项卡，如图 3-5 所示。

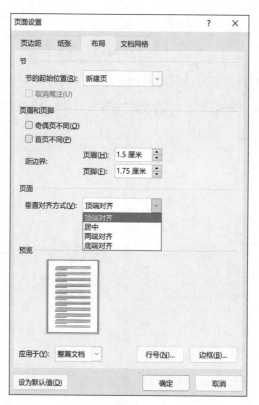

图 3-5　设置垂直对齐方式

（2）在"页面"栏的"垂直对齐方式"下拉列表中选择一种对齐方式。系统默认的段落垂直对齐方式为顶端对齐，即文字靠近顶端。相应地，若选择"底端对齐"选项，文字将靠近底端。选择"居中"选项后，单击"确定"按钮，可以看到选中的文字移到了页面的中部，如图 3-6 所示。

图 3-6　设置垂直对齐方式为"居中"

任务 3　设置段落缩进

1. 能列举段落缩进的种类。
2. 能设置段落缩进。

段落缩进有六种格式：首行缩进、悬挂缩进、左侧缩进、右侧缩进、内侧缩进和外侧缩进。用户可以对整篇文档进行缩进设置，也可以对某一段落进行缩进设置。图 3-7 所示为几种段落缩进的效果。本任务将以文档《匆匆》为例，进行首行缩进的设置。其他格式的缩进与首行缩进类似，用户可参考首行缩进的设置方法依次进行尝试，并观察设置效果的差异。

首行缩进

　　燕子去了，有再来的时候；杨柳枯了，有再青的时候；桃花谢了，有再开的时候。但是，聪明的，你告诉我，我们的日子为什么一去不复返呢？——是有人偷了他们吧：那是谁？又藏在何处呢？是他们自己逃走了吧：现在又到了哪里呢？

悬挂缩进

燕子去了，有再来的时候；杨柳枯了，有再青的时候；桃花谢了，有再开的时候。但是，聪明的，你告诉我，我们的日子为什么一去不复返呢？——是有人偷了他们吧：那是谁？又藏在何处呢？是他们自己逃走了吧：现在又到了哪里呢？

左侧缩进

　　燕子去了，有再来的时候；杨柳枯了，有再青的时候；桃花谢了，有再开的时候。但是，聪明的，你告诉我，我们的日子为什么一去不复返呢？——是有人偷了他们吧：那是谁？又藏在何处呢？是他们自己逃走了吧：现在又到了哪里呢？

右侧缩进

燕子去了，有再来的时候；杨柳枯了，有再青的时候；桃花谢了，有再开的时候。但是，聪明的，你告诉我，我们的日子为什么一去不复返呢？——是有人偷了他们吧：那是谁？又藏在何处呢？是他们自己逃走了吧：现在又到了哪里呢？

图 3-7　几种段落缩进的效果

相关知识

在 Word 2021 中，段落缩进和页边距是有区别的。

页边距是指文本与纸张边缘的距离，对于每行来说，同一类页边的空白宽度是相等的。

段落缩进是指段落中的文本与页边距之间的距离。它是为了突出某段或者某几段，使其远离页边空白或占用页边空白，起到突出效果的作用。

两者的对比如图 3-8 所示，大的方框表示的是页边距，小的方框表示的是段落缩进。

● 首行缩进：是指每个段落的首行缩进 2 字符的距离。

● 悬挂缩进：是指段落的第一行顶格（即悬挂），其余各行相对缩进。

● 左侧缩进：是指选中的段落整体向右侧偏移一定的距离。

● 右侧缩进：是指选中的段落整体向左侧偏移一定的距离。

段落缩进的设置方法有多种，可以选用精确的菜单方式、快捷的标尺方式，也可以使用 Tab 键等。

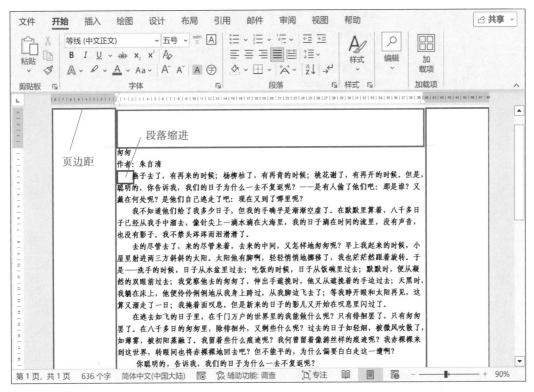

图 3-8　页边距与段落缩进的对比

1. 使用菜单选项设置段落缩进

使用菜单选项设置段落缩进是所有方法中最常用的一种，具体操作步骤如下：

（1）打开未经段落格式设置的文档《匆匆》，选中全部文本。

（2）单击"开始"选项卡下"段落"组中的对话框启动器，打开"段落"对话框。

（3）在"缩进和间距"选项卡下的"缩进"选项组中设置文本的缩进。在"特殊"下拉列表中选择"首行"选项，系统默认"缩进值"为"2 字符"，如图 3-9 所示。

 提示

　　单击"缩进值"微调框的上下调节按钮，可以精确地设置缩进量。

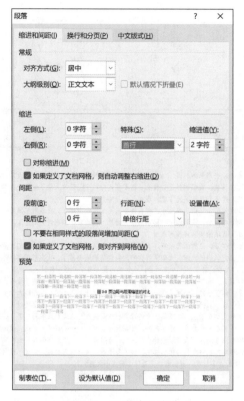

图 3-9　设置首行缩进

在"缩进"选项组中,"左侧"微调框用于设置左侧缩进,"右侧"微调框用于设置右侧缩进。在"特殊"下拉列表中有"(无)""首行""悬挂"三个选项,"缩进值"微调框用于精确地设置缩进量。

如果选中了"对称缩进"复选框,则"左侧"和"右侧"微调框将变为"内侧"和"外侧"微调框,用户可以尝试着设置,查看不同的缩进量对文本产生的影响。

(4)单击"确定"按钮,即可完成对选中段落的设置,效果如图 3-10 所示。

2. 使用"段落"组中的快捷按钮设置段落缩进

设置段落缩进的另一种方法是使用"段落"组中的快捷按钮进行设置,这种方法虽然简单,但不够精确。

具体操作步骤如下:

(1)打开未经段落格式设置的文档《匆匆》,将光标置于第一行。

(2)单击"开始"选项卡下"段落"组中的"增加缩进量"按钮"⇥☰"进行设置,每单击一次,被选中的行将增加 1 字符缩进量。单击"增加缩进量"按钮两次,相当于设置"首行缩进 2 字符"。同时,如果开始下一个新的段落,新段落将继承上一段落的格式,默认首行缩进 2 字符,如图 3-11 所示。

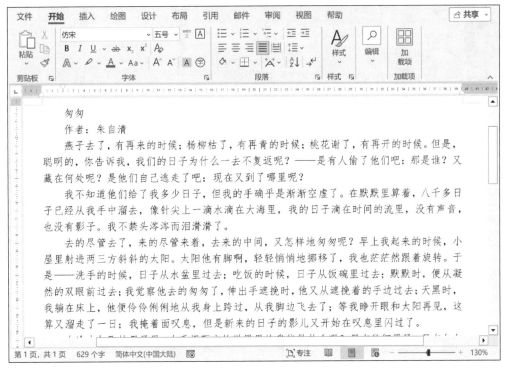

图 3-10 设置首行缩进后的效果

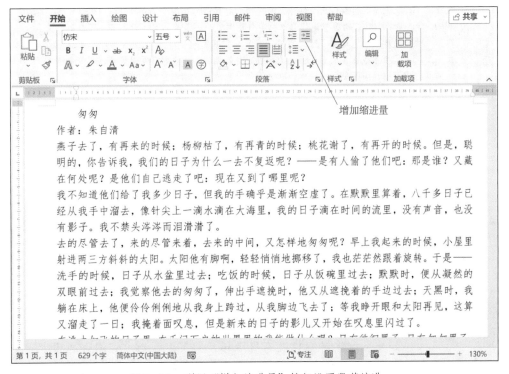

图 3-11 利用"增加缩进量"按钮设置段落缩进

提示

> 同样地，"减少缩进量"按钮"←三"用于减少文本的缩进量，每单击一次减少 1 字符的缩进量。

3. 使用标尺设置段落缩进

使用文档窗口水平标尺上的段落缩进标记，可以快速设置段落的左侧缩进、右侧缩进、首行缩进和悬挂缩进等。这种方法直观、方便，但同样不够精确。图 3-12 所示文本区和选项卡区之间的部分就是标尺。下面以首行缩进为例，介绍使用标尺进行段落缩进的方法。

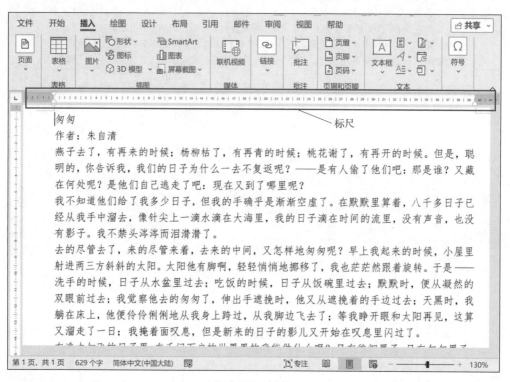

图 3-12　标尺

提示

> 如果当前编辑窗口没有显示标尺，可以勾选"视图"选项卡下"显示"组中的"标尺"复选框，在当前编辑窗口中就会显示标尺。

具体操作步骤如下:

(1)打开未经段落格式设置的文档《匆匆》,将光标置于第一段的起始位置。

在水平标尺的左侧有两个相对的游标"🏳",其中上面的一个呈倒三角形"▽",它标志着首行缩进的距离;另一个呈正三角形"△",为悬挂缩进。悬挂缩进游标下方的小矩形是左缩进游标,在水平标尺右侧的正三角形游标"△"是右缩进游标,如图 3-13 所示。

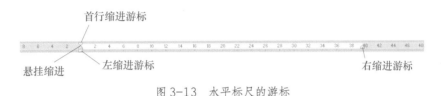

图 3-13　水平标尺的游标

(2)用鼠标拖动首行缩进游标,向右缩进 2 字符的距离,此时可以看到一条垂直辅助虚线跟随首行缩进游标,效果如图 3-14 所示。

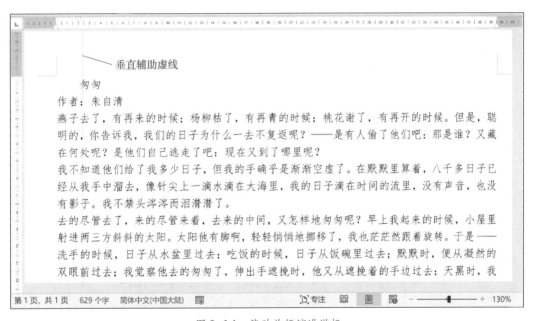

图 3-14　移动首行缩进游标

(3)放开鼠标左键后可以看到,第一行插入点后的文字被向右移动了 2 字符的距离,首行缩进游标也停留在标尺的数字"2"处,效果如图 3-15 所示。

图 3-15　首行缩进效果

提示

在拖动游标设置缩进的同时，按住 Alt 键可以显示缩进的准确
数值。

提示

在利用组合快捷键设置缩进时，应在文档中选择要改变缩进量
的段落。要使左侧段落缩进至下一个制表位，按 Ctrl+M 组合快捷键；
要设置悬挂缩进，按 Ctrl+T 组合快捷键。

任务4　设置行距与段落间距

学习目标

1. 能描述行距与段落的含义。
2. 能设置行距与段落间距。

任务描述

在编辑 Word 文档时，可以根据用户的需要对行距和段落间距进行设置，使文档看起来更加美观。一般情况下，Word 2021 默认的行距为单倍行距，在此基础上，用户可以增大或缩小行距。同理，也可以对段落间距进行相应设置，以满足用户需求。

本任务以文档《匆匆》为例，来学习行距与段落间距的设置方法。

如图 3-16 所示，第一段文字的行间距明显比其他段要大，这是设置了 2 倍行距的效果。

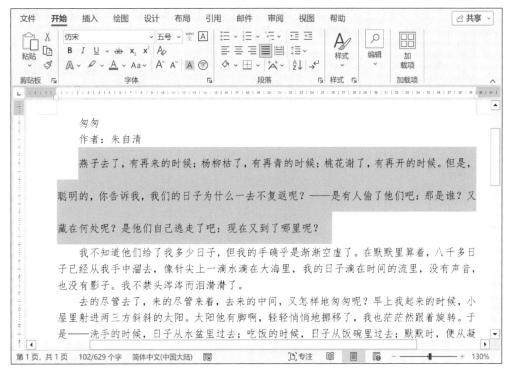

图 3-16　2 倍行距的显示效果

相关知识

行距是指从一行文字的底部到另一行文字底部之间的距离。Word 2021 将自动调整行距，以容纳该行中最大的字体和最高的图形。行距决定段落中各行文本之间的垂直距离，系统默认值是"单倍行距"。图 3-17 所示的第一段是 3 倍行距的显示效果。

匆匆
作者：朱自清

　　燕子去了，有再来的时候；杨柳枯了，有再青的时候；桃花谢了，有再开的时候。但是，

聪明的，你告诉我，我们的日子为什么一去不复返呢？——是有人偷了他们吧：那是谁？又

藏在何处呢？是他们自己逃走了吧：现在又到了哪里呢？

　　我不知道他们给了我多少日子，但我的手确乎是渐渐空虚了。在默默里算着，八千多日子已经从我手中溜去，像针尖上一滴水滴在大海里，我的日子滴在时间的流里，没有声音，也没有影子。我不禁头涔涔而泪潸潸了。

图 3-17　3 倍行距的显示效果

　　段落间距是指前后相邻的段落之间的空白距离。当按下 Enter 键开始新的一段时，光标会跨过段落间距到达下一段的起始位置。在图 3-18 中，第一段、第二段之间为 4 倍段落间距的显示效果。

匆匆
作者：朱自清

　　燕子去了，有再来的时候；杨柳枯了，有再青的时候；桃花谢了，有再开的时候。但是，聪明的，你告诉我，我们的日子为什么一去不复返呢？——是有人偷了他们吧：那是谁？又藏在何处呢？是他们自己逃走了吧：现在又到了哪里呢？

　　我不知道他们给了我多少日子，但我的手确乎是渐渐空虚了。在默默里算着，八千多日子已经从我手中溜去，像针尖上一滴水滴在大海里，我的日子滴在时间的流里，没有声音，也没有影子。我不禁头涔涔而泪潸潸了。
　　去的尽管去了，来的尽管来着，去来的中间，又怎样地匆匆呢？早上我起来的时候，小屋里射进两三方斜斜的太阳。太阳他有脚啊，轻轻悄悄地挪移了，我也茫茫然跟着旋转。于是——洗手的时候，日子从水盆里过去；吃饭的时候，日子从饭碗里过去；默默时，便从凝

图 3-18　4 倍段落间距的显示效果

1. 设置行距

用户可以根据需要设置行距，以设置文档《匆匆》的行距为例，具体操作步骤如下：

（1）打开文档，选择要改变行距的段落。与设置缩进相同，只需要将插入点置于段落中的任何位置，则视为选中该段落。

（2）单击"开始"选项卡下"段落"组的对话框启动器，打开图 3-19 所示的"段落"对话框。

图 3-19 利用"段落"对话框设置行距

（3）单击"行距"下拉列表，选择"1.5 倍行距"选项，单击"确定"按钮，返回文本编辑界面，可以看到，刚才选中的段落已经变为 1.5 倍行距，效果如图 3-20 所示。

用户也可以使用"段落"组中的"行和段落间距"按钮"↕≡▼"来调整行距。选中文本，单击"行和段落间距"按钮，在弹出的"行和段落间距"下拉列表中选择"1.5"选项，即可将文本设置为 1.5 倍行距，如图 3-21 所示。

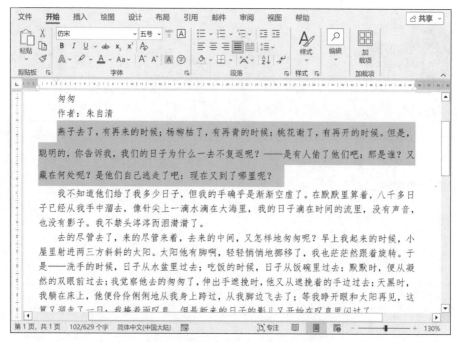

图 3-20　利用"行距"下拉列表设置 1.5 倍行距的效果

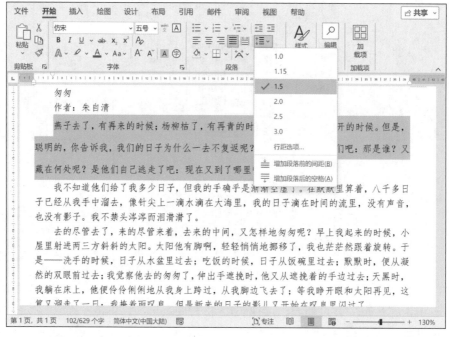

图 3-21　利用"行和段落间距"按钮设置 1.5 倍行距的效果

2. 设置段落间距

设置段落间距的具体操作方法如下：

（1）选中需要设置间距的段落，然后单击"开始"选项卡下"段落"组的对话框启动器，打开"段落"对话框。在"段前"微调框中输入或使用上下按钮调整至所需的间距值，如"2行"，如图 3-22 所示。

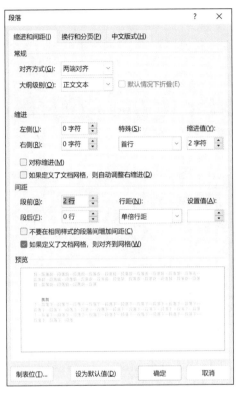

图 3-22　设置段落间距

（2）单击"确定"按钮，返回文本编辑界面，可以看到选中的段落已经和上一段落之间拉开了两行的距离，如图 3-23 所示。

作者：朱自清

　　燕子去了，有再来的时候；杨柳枯了，有再青的时候；桃花谢了，有再开的时候。但是，聪明的，你告诉我，我们的日子为什么一去不复返呢？——是有人偷了他们吧：那是谁？又藏在何处呢？是他们自己逃走了吧：现在又到了哪里呢？

　　我不知道他们给了我多少日子，但我的手确乎是渐渐空虚了。在默默里算着，八千多日子已经从我手中溜去，像针尖上一滴水滴在大海里，我的日子滴在时间的流里，没有声音，也没有影子。我不禁头涔涔而泪潸潸了。

图 3-23　设置段落间距的效果

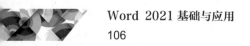

系统默认的段前、段后间距为"自动"模式，如果需要将选中的段落与下一段落之间拉开一定距离，可以在"段落"对话框中的"段后"微调框中设置需要的间距。

任务 5　使用制表位与格式刷

1. 能描述制表位与格式刷的含义。
2. 能使用制表位与格式刷。

在 Word 2021 中，除了使用上面介绍的方法设置段落格式外，还可以使用制表位设置段落格式，以及利用格式刷复制段落格式等。其中，利用格式刷复制段落格式是 Word 2021 中最常用的一种方法。

本任务主要介绍制表位与格式刷的使用方法。

制表位是指制表符出现的位置，用来在页面上放置和对齐文字。一般情况下，使用 Tab 键来对齐文本。每按一次 Tab 键，光标就会从当前位置移动到其最近的一个制表位，同时在光标经过之处插入空格。默认状态下，每 0.75 厘米出现一个制表位，这样，每按一次 Tab 键，将使插入点移动 0.75 厘米。直观看来，就是两个 5 号字符的距离。

用户需要更改制表位的默认设置时，可以根据需要自己设置制表位的位置和类型。Word 2021 提供了多种类型的制表符，主要有以下几种：

● 左对齐式制表符：它可以使文本在制表位处左对齐。

- 右对齐式制表符：它可以使文本在制表位处右对齐。

- 居中式制表符：它可以使每个文字的中间都位于制表位的直线上。

- 小数点对齐式制表符：它主要用于数字的输入，可以使数字的小数点对齐在制表位指定的直线上。

- 竖线式制表符：它可以在制表位处产生一条竖线。

- 首行缩进：使用此制表位可以使当前行首行缩进一定的距离。

- 悬挂缩进：使用此制表位可以使当前行悬挂缩进一定的距离。

文档中有时会在多处应用到同样的设置，如果逐个进行设置会比较麻烦，Word 2021 提供了快速复制格式的功能，即格式刷，它可以将文本、段落、图片等的格式迅速复制到文档的不同位置或另一文档中。

实践操作

1. 设置制表位

下面介绍设置和使用制表位的两种不同的操作方法，即使用标尺设置制表位和使用对话框设置制表位。在使用制表位设置段落格式时，标尺起着决定性的作用。

（1）使用标尺设置制表位

以右对齐式制表符为例，具体操作步骤如下：

1）新建一个空白文档，并输入文本"3.1 段落格式"。此时，水平标尺左侧的制表符如图 3-24 所示。

左对齐式制表符

图 3-24　标尺上的左对齐式制表符

2）双击水平标尺左侧的制表符，将左对齐式制表符变为右对齐式制表符，如图 3-25 所示。

右对齐式制表符

图 3-25　标尺上的右对齐式制表符

3）移动光标，在水平标尺的右侧位置单击，就可以产生一个右对齐式制表位，如

图 3-26 所示。

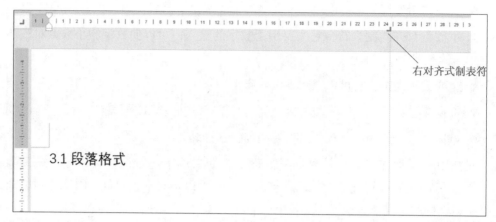

图 3-26　选择右对齐式制表符的位置

4）在文档结尾处按 Tab 键，输入页码"1"，如图 3-27 所示，然后按 Enter 键换行输入。

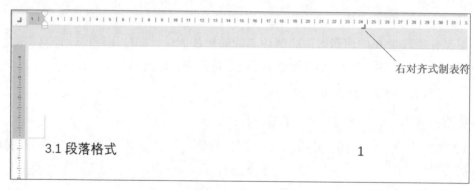

图 3-27　输入页码

5）输入文本后重复步骤 4）的操作，输入页码，就可以制作出一个简单的目录，其页码是右对齐的效果，如图 3-28 所示。

（2）使用对话框设置制表位

具体操作步骤如下：

1）新建一个空白文档，并输入文本"3.1 段落格式"，设置"页码"为"1"，然后单击"段落"组的对话框启动器，在打开的"段落"对话框中单击左下角的"制表位"按钮，打开"制表位"对话框。

2）在"制表位位置"文本框中输入精确的制表位位置，如输入"38 字符"，如图 3-29 所示。

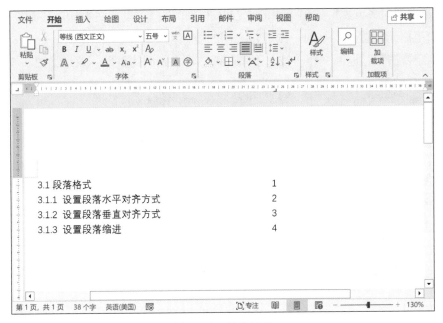

图 3-28　制作目录

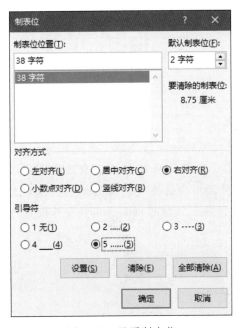

图 3-29　设置制表位

　　用户可以通过"默认制表位"微调框设置默认制表位的位置。系统默认制表位是"2 字符"，单击"设置"按钮就可以设置一个制表位。设置好的制表位会显示在"制表位位置"文本框中。如果需要设置多个制表位，用户可以直接在对话框中设置下一个制表位。

3）选中"对齐方式"选项组中的"右对齐"单选框，设置文本的对齐方式；"引导符"选项组用于设置文本至前一制表位之间的填充符号，如选中"5……（5）"单选框，单击"确定"按钮，返回文档，按一下 Tab 键，输入相同的页码，效果如图 3-30 所示。

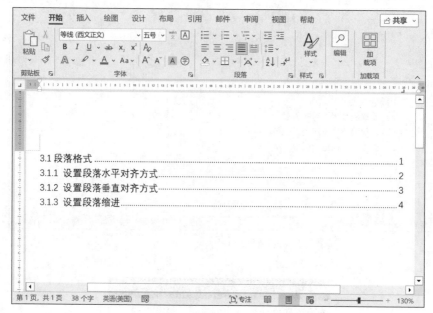

图 3-30　制作目录

提示

删除制表位的方法很简单，用鼠标将制表位拖离标尺即可。同样地，也可以用鼠标拖动制表位来改变制表位的位置。还可以在"制表位"对话框中选定要删除的制表位，单击"清除"按钮即可。单击"全部清除"按钮可以删除用户自行设置的所有制表位。

2. 使用格式刷

复制格式的方法如下：

（1）打开范文《通知》与范文《匆匆》。

（2）选中《通知》第一段落中的"通知"二字后，单击"剪贴板"组中的"格式刷"按钮" "，如图 3-31 所示。

（3）切换至《匆匆》文档，当光标移动到文档中时，可以看到光标变成了" "形状，选中"匆匆"二字，可以看到，这两个字也变成与"通知"二字相同的黑体、二号字号，如图 3-32 所示。

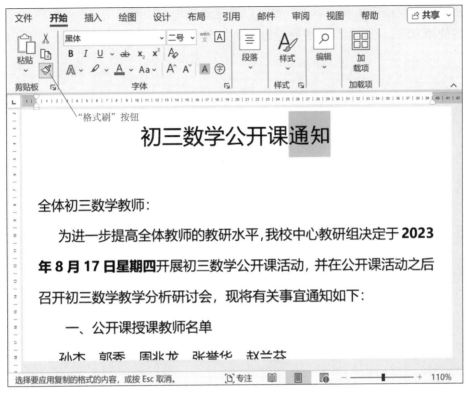

图 3-31　格式刷的应用

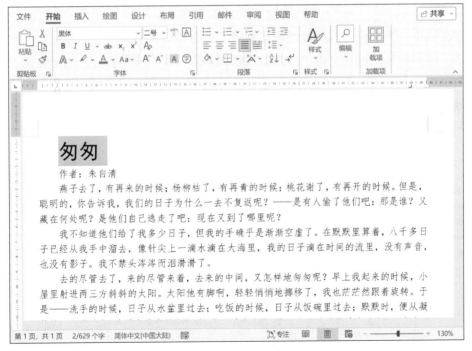

图 3-32　格式刷的应用效果

格式刷不仅能应用在文本上，也可以迅速地应用在段落和图片上。熟练地掌握格式刷的使用方法，可以更快、更便捷地编辑文档。

任务 6　设置项目符号与编号

1. 能添加与删除项目符号。
2. 能设置编号。
3. 能创建多级符号。

在文档中，为了使文档层次结构更清晰、更有条理，经常需要使用项目符号和编号列表。项目符号是放在文本前、以增加强调效果的点或其他符号，用于强调一些重要的观点或条目；编号列表用于逐步展开一个文档的内容。在 Word 2021 中，可以很方便地创建项目符号和编号列表。

图 3-33 所示就是项目符号与多级符号的展示案例。

- 左对齐式制表符，它可以使文本在制表位处左对齐。
- 右对齐式制表符，它可以使文本在制表位处右对齐。
- 居中式制表符，它可以使每个文字的中间都位于制表位的直线上。
- 小数点对齐式制表符：它主要用于数字的输入，可以使数字的小数点对齐在制表位指定的直线上。
- 竖线式制表符：它可以在制表位处产生一条竖线。
- 首行缩进：使用此制表位可以使当前首行缩进一定的距离。
- 悬挂缩进：使用此制表位可以使当前悬挂缩进一定的距离。

1.1　确定物质的化学组分
    1.1.1　确定有关成分的含量
    1.1.2　确定物质中原子间结合方式

图 3-33　项目符号与多级符号的展示案例

相关知识

在编辑条理性较强的文档时，通常需要插入一些项目符号和编号，以使文档结构清晰、层次鲜明。项目符号所强调的是并列的多个项，为了强调多个层次的列表项，经常使用的还有多级列表。

多级列表是用于为列表或文档设置层次结构而创建的列表。它可以用不同的级别来显示不同的列表项，例如，在创建多级列表时，可以在第 1 级使用"第 1 章"，第 2 级使用"1.1"，第 3 级使用"1.1.1"等。

Word 2021 规定文档最多可以有九个级别。

实践操作

Word 2021 可以在用户输入文本的同时自动创建项目符号和编号，也可以在文本原有的行中添加项目符号和编号。

1. 自动创建项目符号

在文档中自动创建项目符号的方法非常简单，具体操作方法如下：

（1）输入"*"（星号）后按一下 Tab 键，可以开始一个项目符号列表。输入项目内容后按 Enter 键，系统会自动生成一个新的项目列表，如图 3-34 所示。

（2）输入所需要的文本后按 Enter 键，可以看到一个新的项目符号出现在下一行，接着输入文本即可，如果要结束本列表，连续按两次 Enter 键即可。

也可以使用"项目符号"下拉菜单进行设置，具体步骤如下：

（1）在打开的文档中，将光标移动至要设置项目符号的段落的起始位置。单击"开始"选项卡下"段落"组中的"项目符号"按钮"☷ ˅"右侧的下拉箭头，打开"项目符号"下拉菜单，如图 3-35 所示。

（2）在打开的"项目符号"下拉菜单中选择所需要的项目符号类型，当光标移动并停留在某个项目符号上时，文档将自动显示使用该项目符号的效果，单击选中的项目符号即可完成设置。

（3）如果所选择的项目符号类型不符合用户的要求，可以重新选择和设置。打开"项目符号"下拉菜单后，单击"定义新项目符号"选项，弹出"定义新项目符号"对话框，如图 3-36 所示。

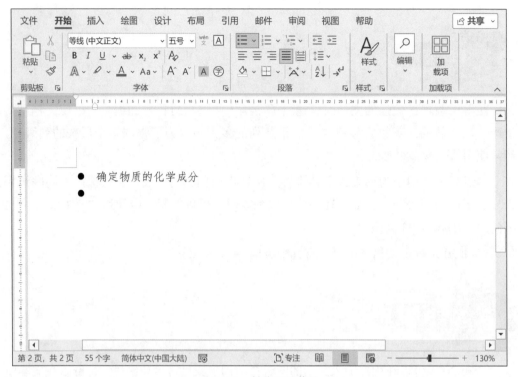

图 3-34　创建项目符号

图 3-35　"项目符号"下拉菜单

图 3-36　"定义新项目符号"对话框

（4）如果用户希望项目符号是某个符号样式，单击该对话框中的"符号"按钮，打开"符号"对话框，如图 3-37 所示，用户可以选择自己喜欢的符号作为项目符号；如果用户希望项目符号是一个图片样式，可单击该对话框中的"图片"按钮，打开"插入图片"对话框，如图 3-38 所示，Word 2021 提供了三种插入图片的方式。第一种方式是用户可以直接从本计算机中浏览文件，插入所需图片；第二种方式是用户可通过必应图像搜索，选择所需图片；第三种方式是从 OneDrive 浏览文档，选中图片并插入。

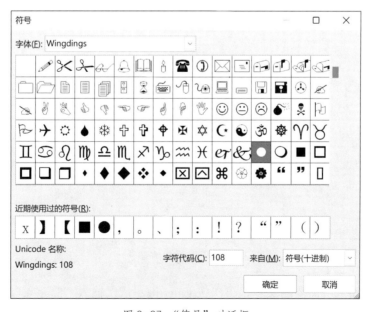

图 3-37　"符号"对话框

图 3-38　"插入图片"对话框

（5）单击"确定"按钮，即可将选定的项目符号应用到所选文档中。

2. 自动创建编号

输入文本的时候，可以自动创建编号，方法与创建项目符号类似。具体操作步骤如下：

（1）新建一个空白文档，输入"1."后按空格键或 Tab 键输入文本后，再按 Enter 键会添加下一个列表项"2."，如图 3-39 所示。

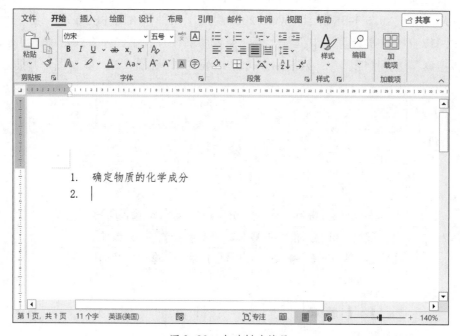

图 3-39　自动创建编号

（2）接着输入所需要的文本，再次按 Enter 键，依次输入"3.""4."，一直到"6."的内容，如图 3-40 所示。如果要结束本列表，可以连续按两次 Enter 键。

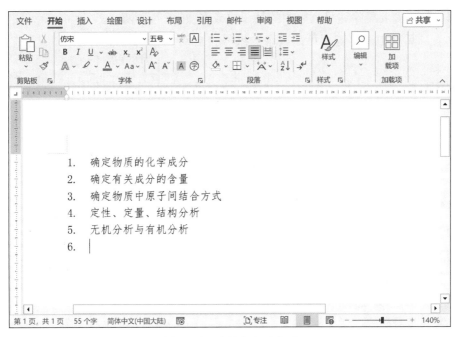

图 3-40 连续输入列表项

（3）如果要在已经创建好的列表中再插入新的列表项，可以直接将光标移动到需要插入的位置，然后按 Enter 键，系统会根据光标的位置自动创建编号列表，其后所有的编号都会自动后移一位，只需要在编号后输入内容即可，如图 3-41 所示。

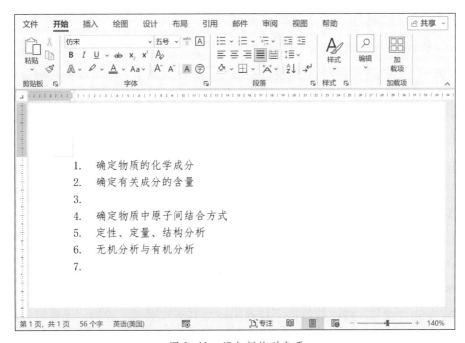

图 3-41 添加新的列表项

（4）如果需要删除编号列表中的某一项或多项，选定列表项后按 Delete 键即可，其余的编号会自动调整。

与项目符号的应用一样，在"开始"选项卡下"段落"组中使用"编号"按钮" ⋮☰ ▾ "也能更改编号的样式，具体操作步骤如下：

（1）打开"编号"下拉菜单，选择"定义新编号格式"选项，弹出图 3-42 所示的"定义新编号格式"对话框。

（2）单击"编号样式"下拉列表，有多种编号样式可供用户选择。如果要设置编号样式的字体，单击"字体"按钮，在弹出的对话框中设置项目编号的字体即可。设置完毕，单击"确定"按钮，返回"定义新编号格式"对话框。

通过上面的设置就可以完成编号的更改了，这时，在"定义新编号格式"对话框的"预览"显示

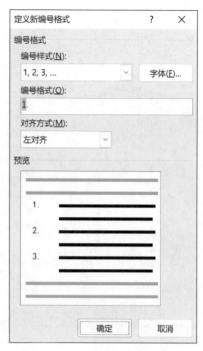

图 3-42 "定义新编号格式"对话框

区中可以看到用户自定义的项目编号样式。在"段落"组中"编号"按钮的下拉菜单中也显示了具有此格式的编号，单击此编号即可将其应用到文档中。Word 2021 的"实时预览"功能可以实现将光标放置在该编号样式上时就可以看到文档中应用此编号样式的效果。

3. 重新设置编号的起始点

在 Word 2021 中，编号列表的连续性很强。当在文档中的某个部分使用过某种格式的编号列表后，在另一个位置再设置编号列表时，系统会自动按照前面的编号顺序继续向下编号，即使相隔了许多段落甚至许多页也依然如此。这个时候，如果要设置另一组编号，就需要重新设置编号的起始点了。

当用户在同一文档中使用过编号后，再重新使用"段落"组中的"编号"按钮编号时，编号是按照前面的编号顺序继续向下编号的，单击鼠标右键，弹出快捷菜单（见图 3-43），选择"重新开始于 1"选项，即可开始重新编号。

用户需要将文档中已设置的编号重新开始编号时，可以按下面的步骤进行操作：

（1）选中所要更改的编号，此时"开始"选项卡下"段落"组中的"编号"按钮会以高亮显示。

（2）单击"编号"按钮右侧的下拉箭头，打开下拉菜单，选择"设置编号值"选项，打开图 3-44 所示的"起始编号"对话框。

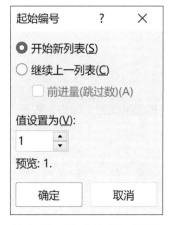

图 3-43　"重新开始于 1"选项　　　　图 3-44　"起始编号"对话框

（3）选中"开始新列表"单选框，在"值设置为"微调框中设置新的开始编号；选中"继续上一列表"单选框，如果前面的编号是"5"，选择此单选框后，更改的编号将变为"6"。如果希望是其他值，选中"前进量"复选框，在"值设置为"微调框中设置所要跳过的数值，然后单击"确定"按钮即可完成更改。

4. 创建多级符号列表

创建多级符号列表的方法非常简单，具体操作步骤如下：

（1）选中需要创建多级列表的文档内容，单击"开始"选项卡下"段落"组中的"多级列表"按钮" "，打开"多级列表"下拉菜单，将光标移动到每一个选项上都可以预览该选项的多级列表效果，如图 3-45 所示。

（2）单击需要的列表选项，可以看到文档中被选中的文本内容都变成了第 1 级符号，如图 3-46 所示。

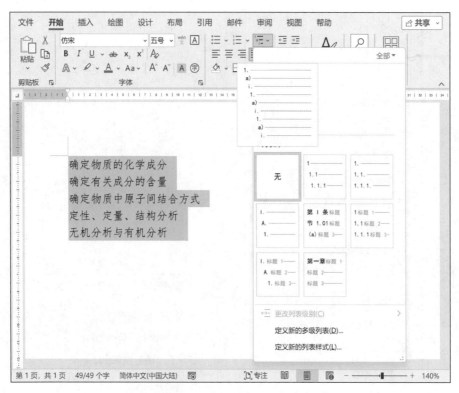

图 3-45 "多级列表"下拉菜单

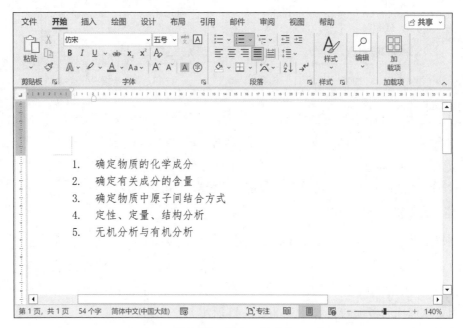

图 3-46 创建一级列表

（3）将光标移动到第二行文本的起始位置并按 Tab 键，此时，该行文本变成了第 2

级符号。相应地，第三行文本的序号由原来的"3"变成了"2"，如图 3-47 所示。

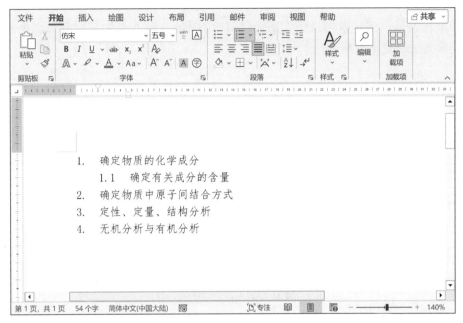

图 3-47　创建二级列表

（4）再将光标移动到第三行文本，也就是现在标号为"2"的文本起始处，按两次 Tab 键，该行文本就变成了第 3 级符号，如图 3-48 所示。

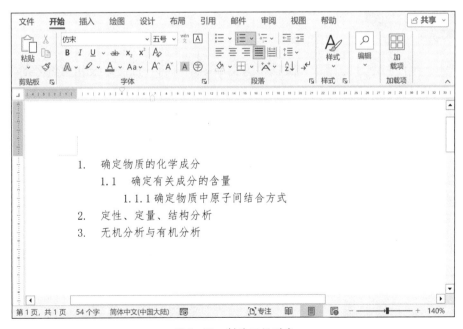

图 3-48　创建三级列表

（5）以此类推，需要创建 N 级列表，就按 N-1 次 Tab 键。用户可以按照此方法尝试一下创建第 "2.1" 级列表。

如果系统提供的多级列表样式不符合用户的需求，用户还可以设置自己满意的样式，操作方法这里不再赘述。

任务 7　设置脚注、尾注与题注

1. 能描述脚注、尾注与题注的功能。
2. 能设置脚注、尾注与题注。
3. 能删除脚注、尾注与题注。

脚注、尾注与题注是用于在文档中为文本提供解释、批注以及相关编号的参考资料，在研究报告、毕业论文中必不可少。

本任务将学习如何在文章中插入脚注、尾注与题注。

以编辑文档《匆匆》为例，要求如下：

● 在 "作者" 处加入脚注 "朱自清简介"。

● 在 "涔" 字处加入尾注 "注音"。

● 为图片 "朱自清" 加入题注。

图 3-49 所示就是在文章中插入了脚注的效果。在 Word 2021 中可以方便地查看脚注的内容。

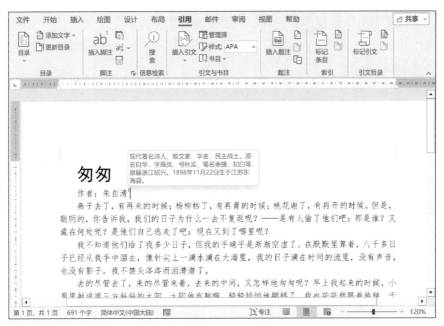

图 3-49　插入脚注的效果

脚注是对文档的进一步解释，或者说明文档所使用的资料，它经常放在页面的底端。尾注的作用与脚注基本相同，不同的是脚注放在每页的底端，而尾注放在文档的结束部分。如果在文档某一项的右上角有一个小小的数字符号，就可以让人知道它有一个脚注或尾注，当光标停留在这个数字符号上时，会出现一个提示框，显示脚注和尾注的内容。

在 Word 2021 文档中，脚注或尾注由两个互相链接的部分组成：注释引用标记和与其对应的注释文本。注释引用标记用于指明脚注或尾注中已包含附加信息的数字、字符或字符的组合。在注释中可以使用任意长度的文本，并像处理任意其他文本一样，设置注释文本的格式。

1. 插入脚注或尾注

插入脚注或尾注的方法是相同的，具体操作步骤如下：

（1）选定文档中要插入注释引用标记的位置。

（2）单击"引用"选项卡下"脚注"组中的"插入脚注"按钮" ab¹ "，Word 2021
会自动在引用标记的位置加注编号，同时在页面最下端插入一条脚注，输入注释文本
即可，如图 3-50 所示。

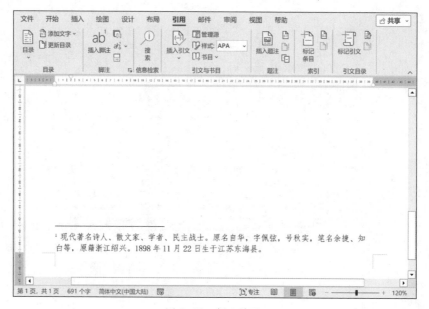

图 3-50　插入脚注

（3）单击"插入尾注"按钮，与脚注不同的是，尾注位于文章的末尾，如图 3-51
所示。

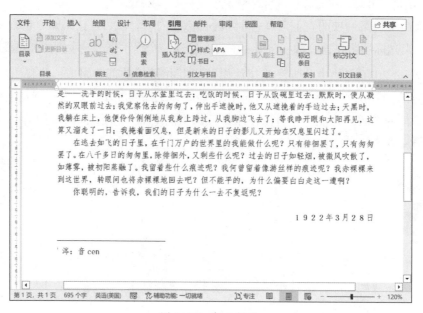

图 3-51　插入尾注

无论用户在整篇文档中使用单一编号方案，还是在文档的各节中使用不同的编号方案，Word 2021 均会自动为脚注和尾注编号。当用户在文档或节中插入第一个脚注或尾注后，随后的脚注和尾注会自动按顺序编号。

提示

Word 2021 提供的插入脚注和尾注的组合快捷键分别是：
● 按 Alt+Ctrl+F 组合快捷键插入脚注。
● 按 Alt+Ctrl+D 组合快捷键插入尾注。

2. 设置脚注或尾注

设置脚注或尾注也可以在"脚注和尾注"对话框中进行，具体操作步骤如下：

（1）将光标置于需要设置脚注或尾注的文本位置，单击"引用"选项卡下"脚注"组的对话框启动器，打开"脚注和尾注"对话框，如图 3-52 所示。

（2）如果要插入脚注，可以在"位置"选项组中选中"脚注"单选框，然后在旁边的下拉列表中选择在文档中显示脚注的位置，有"页面底端"和"文字下方"两个选项可以选择。在默认情况下，Word 2021 将脚注放在每页的结尾处，而将尾注放在文档的结尾处。

（3）如果要插入尾注，可以在"位置"选项组中选中"尾注"单选框，然后在旁边的下拉列表中选择在文档中显示尾注的位置，有"节的结尾"和"文档结尾"两个选项可以选择。

图 3-52　"脚注和尾注"对话框

（4）"格式"选项组用于设置编号的格式，在"编号格式"中选择脚注的自动编号格式。

（5）如果需要使用用户自定义的注释引用标记，可以在"自定义标记"文本框中输入注释引用标记，也可以通过单击"符号"按钮打开"符号"对话框，选择所需要的符号。

（6）在"起始编号"文本框中可以输入或选择起始编号。

（7）在"编号"下拉列表中可以选择文本中脚注编号的方式，有"连续""每节重新编号"和"每页重新编号"三个选项可以选择；对于尾注，有"连续"和"每节重

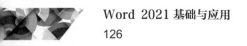

新编号"两个选项可以选择。

（8）在"应用更改"选项组中选择要进行修改的文档的位置。

（9）输入所需要的注释文本后，单击文档的其他位置可以完成操作。

提示

> 设置更新的编号格式后，再向文档中插入其他的脚注或尾注时，Word 2021 将自动应用新的编号格式。

3. 删除脚注或尾注

如果要删除脚注或尾注，需要删除文档中的注释引用标记，而不是删除注释窗格中的注释文字。如果删除了一个自动编号的注释引用标记，Word 2021 会自动对注释重新编号。

如果要删除一个脚注或尾注，在文档中选中要删除的注释引用标记，然后按 Delete 键即可。如果要删除所有自动编号的脚注或尾注，可以利用 Word 2021 提供的查找和替换功能，将自动编号的脚注或尾注替换为空，具体操作方法如下：

（1）单击"开始"选项卡下"编辑"组中的"替换"按钮" ᴳᵇᴄ 替换"，打开"查找和替换"对话框，选择"替换"选项卡。

（2）单击"更多"按钮，扩展"查找和替换"对话框。

（3）单击"特殊格式"按钮，在打开的下拉菜单中单击"尾注标记"或"脚注标记"选项，确认"替换为"文本框为空，如图 3-53 所示。

（4）单击"全部替换"按钮就可以将所有脚注或尾注删除了。

4. 脚注与尾注的相互转换

如果已经在文档中插入了脚注，可以将它转换为尾注，反之亦然。

（1）单击"引用"选项卡下"脚注"组中的"显示备注"按钮" ▦显示备注 "，如果文档中只有脚注或只有尾注，则光标自动移动到注释位置。如果在文档中同时包含脚注和尾注，就会打开图 3-54 所示的"显示备注"对话框，用户可以选择"查看脚注区"或是"查看尾注区"。

（2）选中要查看的内容，如"查看尾注区"，单击"确定"按钮，将自动跳转到文档的"尾注"注释。

（3）选中要转换的注释，单击鼠标右键，在打开的快捷菜单中选择"转换为脚注"选项，则选中的尾注自动转换为脚注。将脚注转换为尾注的方法与其类似。

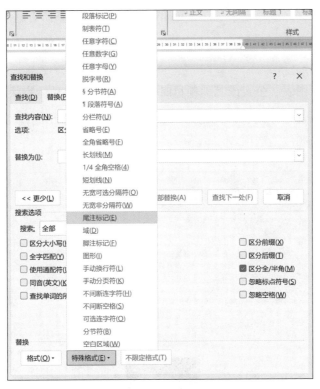

图 3-53 删除所有自动编号的脚注和尾注

（4）如果要将所有脚注转换为尾注，或将所有尾注转换为脚注，可以单击"引用"选项卡下"脚注"组中的对话框启动器，打开"脚注和尾注"对话框。单击"转换"按钮，打开图 3-55 所示的"转换注释"对话框。

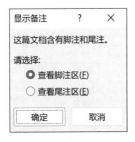

图 3-54 "显示备注"对话框

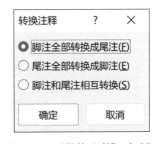

图 3-55 "转换注释"对话框

（5）选中需要的选项后，单击"确定"按钮即可完成转换操作，并返回"脚注和尾注"对话框。

5. 在插入表格、图表、公式或其他项目时手动添加题注

题注是可以添加到表格、图表、公式或其他项目上的编号标签，如"图表1"。用户可以为不同类型的项目设置不同的题注标签，还可以创建新的题注标签，如使用照

片等。如果添加、删除或移动了题注，Word 2021 还可以更新所有题注的编号。

　　有两种方法插入题注，即在插入表格、图表、公式或其他项目时手动添加题注和自动添加题注两种。

　　在插入表格、图表、公式或其他项目时手动添加题注的具体步骤如下：

　　（1）选择要添加题注的项目，比如一个图表。如图 3-56 所示，在图表上单击鼠标右键，单击"插入题注"选项。

图 3-56　插入题注

　　（2）弹出的"题注"对话框如图 3-57 所示。"题注"一栏显示的是插入后的题注的内容。"标签"下拉列表用于选择题注的类型，如果插入的是图片，可以选择"图表"，或者根据插入的内容类型选择"表格"或"公式"。如果觉得 Word 自带的几种标签类型不太贴切，单击"新建标签"按钮可以新建自己需要的标签。

图 3-57　"题注"对话框

　　（3）在"题注"对话框中输入需要插入的文本，并根据自己的需要进行设定后单击"确定"按钮，就可以完成对题注的输入了，如图 3-58 所示。

图 3-58 添加题注的效果

如果需要插入题注的是表格，只需要选中整张表格，进行相同的操作，就可以为表格添加题注了。

 提示

> 单击"引用"选项卡下"题注"组中的"插入题注"按钮，也可以调出"题注"对话框，然后进行题注的设置。

6. 在插入表格、图表、公式或其他项目时自动添加题注

在编辑比较大的文档时，如果有上百张插图，日后需要在某两张图片中增加图片，那么只要所有图标都使用题注的方式进行了标识，新插入的图片以及后面图片的题注中的图片编号都会被自动更新。自动添加题注的操作步骤如下：

（1）单击"引用"选项卡下"题注"组中的"插入题注"按钮"_{插入题注}"，弹出图 3-57 所示的"题注"对话框。

（2）单击"自动插入题注"按钮，弹出图 3-59 所示的"自动插入题注"对话框。

（3）在"插入时添加题注"列表中选择需要插入题注的项目，如"Bitmap Image"。

（4）单击"新建标签"按钮，在弹出的"新建标签"对话框的"标签"文本框中输入新的标签，系统默认的标签是"Figure"，这里输入新的标签"图形"二字后，单击"确定"按钮，如图 3-60 所示。

图 3-59 "自动插入题注"对话框   图 3-60 "新建标签"对话框

（5）单击"自动插入题注"对话框中的"确定"按钮后，在上一任务的范文《匆匆》中再添加一幅图片，为这幅图片添加题注时可以看到，在"标签"下拉列表中增加了一个"图形"选项，这就是刚才输入的标签。如果选择原来的标签，系统将会为这幅新的图片插入一个名为"图表 2"的标签。而如果选择新的"图形"标签，系统将会重新编号，将这幅图片的标签命名为"图形 1"，如图 3-61 所示。

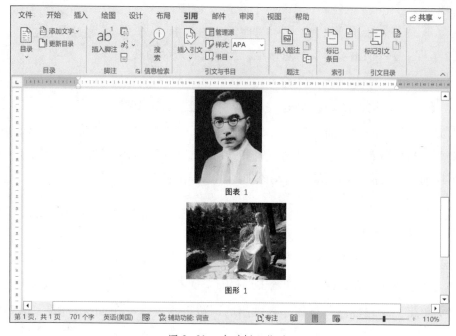

图 3-61 自动插入题注

在文档中使用题注创建图表目录。

分析：本题使用题注创建图表目录，主要是练习插入题注及使用自定义的标签。在插入各图片的题注后，单击"插入表目录"按钮，Word 2021 会自动插入图表目录，用户可以方便地找到自己所要查找的图片。

具体操作步骤如下：

（1）打开《昆虫备忘录》文档，选中文档中的第一幅图片，在图片上单击鼠标右键，在弹出的快捷菜单中选择"插入题注"选项。

（2）单击"新建标签"按钮，在"新建标签"对话框的"标签"文本框中输入"昆虫备忘录"，如图 3-62 所示。

图 3-62　设置题注标签

（3）单击"确定"按钮后，在"题注"对话框的"题注"文本框中显示"昆虫备忘录 1"，在"标签"文本框中显示"昆虫备忘录"，其中"1"为编号。如果要修改编号格式，可以单击"编号"按钮，在弹出的"题注编号"对话框的"格式"下拉列表中选择需要的格式，如图 3-63 所示。

图 3-63　设置题注编号

（4）在编号后输入图片的名字"复眼"，并勾选"从题注中排除标签"复选框，如图 3-64 所示，单击"确定"按钮，完成题注的插入。

图 3-64　输入图片名字

（5）为每一幅图片插入题注，都使用"昆虫备忘录"标签，Word 2021 会自动为每幅图片编号。

（6）所有图片都插入题注后，将光标置于插入目录的位置，即放在标题下方。单击"引用"选项卡下"题注"组中的"插入表目录"按钮。

（7）在弹出的"图表目录"对话框中选中"显示页码"及"页码右对齐"复选框，单击"确定"按钮，Word 2021 会自动根据题注生成目录，最终效果如图 3-65 所示。

图 3-65　生成的图表目录

项目四
文档表格的编辑

表格作为显示成组数据的一种形式，用于显示数字和其他项，以便快速引用和分析，具有条理清楚、说明性强、查找速度快等优点，应用非常广泛。Word 2021 中提供了非常完善的表格处理功能，使用它提供的工具，可以迅速地创建和格式化表格。

图 4-1 所示就是一个利用 Word 2021 创建出来的表格。

软件一班 2022—2023 学年第二学期期末成绩统计

学号	姓名	数据结构	线性代数	数据库	操作系统	大学英语	总分	排名
2063101	董力玮	100	100	99	100	95	494	1
2063106	刘彦宏	96	99	94	96	96	481	2
2063102	吴雨璇	99	85	95	99	85	463	3
2063110	赵昱旭	88	90	96	88	90	452	4
2063104	章天林	88	90	95	88	90	451	5
2063103	刘雨晨	96	80	85	96	88	445	6
2063107	郭昭辉	85	90	88	85	90	438	7
2063105	孙伊轩	85	85	90	85	85	430	8
2063112	王洋	80	88	86	80	88	422	9
2063108	杨正	70	86	86	86	86	414	10
2063109	张苗苗	66	86	83	66	86	387	11
2063111	霍家悦	55	60	70	55	60	300	12

图 4-1　表格

任务 1　创建表格

学习目标

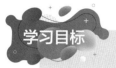

1. 能创建基本表格。
2. 能绘制斜线表头。
3. 能在表格中添加数据。

任务描述

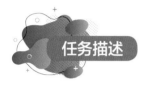

用户可以使用“插入表格”选项、“绘制表格”选项和“快速表格”选项创建一个空白的表格，也可以使用“从文本转换成表格”选项创建一个基于已有数据设置行和列的表格，还可以在Word文档中插入Excel表格。本任务以创建“学生期末成绩表”为例，讲解创建空白表格的方法，并演示如何创建一个Excel表格。

图4–2所示为本任务所要创建的表格。

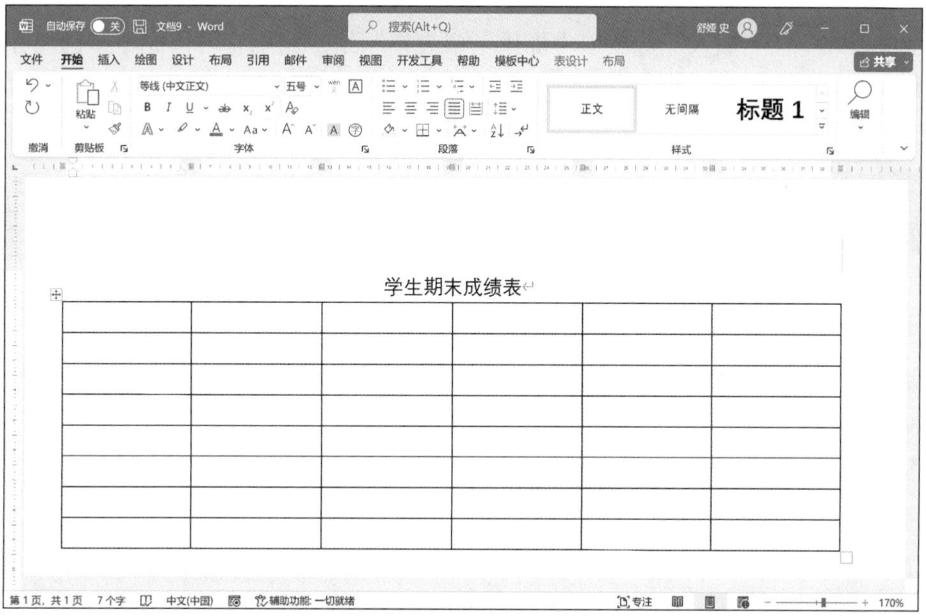

图 4–2　创建表格效果

表格通常用于存放数字、统计数据等信息，如时间表。使用表格存放的数据易于阅读并且便于处理。

Word 2021 提供了以下创建表格的方法：

- 使用单元格选择板直接创建表格。
- 使用"插入表格"选项创建表格。
- 使用"绘制表格"选项创建表格。
- 使用"文本转换成表格"选项创建表格。
- 使用"快速表格"选项创建表格。
- 使用"Excel 电子表格"选项创建表格。

一个表格中必须包含一定的内容，它的存在才会有意义，在表格中输入文本与在文档中其他位置输入文本同样简单，先选择输入文本的单元格，将光标移动到相应的位置后，就可以直接输入任意长度的文本。

表格绘制完成并添加数据后，就是一个完整的基本表格了。

Word 2021 在"插入"选项卡中提供了"表格"组，使用它可以完整地创建和格式化表格。

1. 在单元格选择板中直接创建表格

选择"插入"选项卡下"表格"组中的"表格"按钮，打开下拉菜单，在单元格选择板中直接创建表格，如图 4-3 所示。

当光标在单元格选择板上移动时，划过的单元格变为深色显示，表示被选中。同时文档中会自动出现相应大小的表格。在选定的位置单击鼠标左键，在文档中的插入点位置出现具有相应行数、列数的表格，同时单元格选择板自动关闭。

这种方法是最直接、最简单的表格创建方法。

2. 使用"插入表格"选项创建表格

使用"插入表格"选项可以创建任意大小的表格。

图 4-3　在单元格选择板中直接创建表格

具体操作步骤如下：

（1）将光标定位在需要创建表格的位置。

（2）单击"插入"选项卡下"表格"组中的"表格"按钮，在下拉菜单中单击"插入表格"选项，打开图 4-4 所示的"插入表格"对话框。

图 4-4　"插入表格"对话框

（3）在"表格尺寸"组中输入需要的列数和行数，在"'自动调整'操作"组中选择表格和列的宽度。

● 固定列宽：输入一个值，使所有列的宽度相同。选择"自动"项，可以创建一个处于页边距之间，具有相同列宽的表格，等同于"根据窗口调整表格"选项。

● 根据内容调整表格：使每一列具有足够的宽度，以容纳其中的内容。Word 2021 会根据输入数据的长度自动调整行和列的大小，最终使行和列具有大致相同的尺寸。

● 根据窗口调整表格：用于创建 Web 页面。当表格按照 Web 方式显示时，应使表格充满窗口。

（4）如果以后还要创建相同大小的表格，选中"为新表格记忆此尺寸"复选框。这样，下次再使用这种方式创建表格时，对话框中的行数和列数就会默认为此数值。

（5）单击"确定"按钮，在文档插入点处即可创建相应形式的表格，如图 4-5 所示。

图 4-5　插入一个 8 行 6 列的表格

3. 使用"绘制表格"选项创建表格

前两种方法都是利用 Word 2021 提供的工具自动生成表格的方法，下面学习通过绘制方法来创建更复杂的表格。

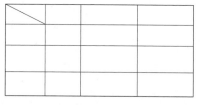

以绘制图 4-6 所示的表格为例，具体操作方法如下：

图 4-6　表格

（1）在文档中将光标置于准备创建表格的位置。

（2）单击"插入"选项卡下"表格"组中的"表格"按钮，在弹出的下拉菜单中单击"绘制表格"选项，此时光标变为"✐"形状。

（3）确定表格的外围边框，可以先绘制一个矩形。将光标移动到准备创建表格的左上角，按下鼠标左键的同时向右下角拖动。在拖动过程中，光标变为"⇘"形状，虚线显示了表格的轮廓，如图 4-7 所示。到合适的位置放开鼠标左键，此时出现一个矩形框。

图 4-7　绘制表格的外围边框

（4）绘制表格边框内的各行及各列。在需要加表格线的位置按下鼠标左键，此时光标变为"✐"形状，水平或竖直地移动鼠标，在移动过程中 Word 2021 可以自动识别线条的方向。放开鼠标左键则自动绘制出相应的行和列，如图 4-8 所示。

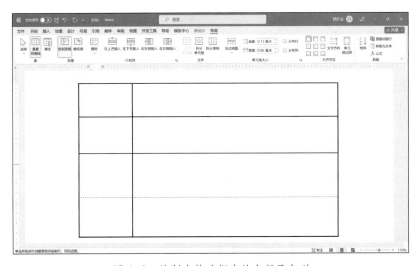

图 4-8　绘制表格边框内的各行及各列

（5）绘制斜线。按住鼠标左键，从表格的左上角开始向右下方移动，出现 Word 2021 识别线的方向后，松开鼠标左键即可绘制出斜线，如图 4-9 所示。

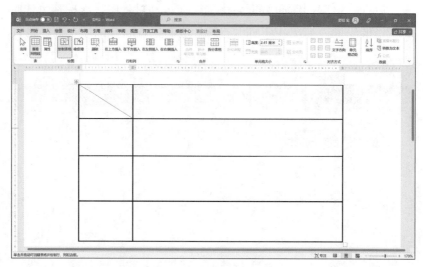

图 4-9　在单元格内绘制斜线

提示

　　Word 2021 中没有直接插入斜线表头的功能，可以选中需要插入斜线表头的单元格，单击鼠标右键，在弹出的快捷菜单中选择"表格属性"选项，在"表格属性"对话框中单击"边框和底纹"按钮，打开"边框和底纹"对话框，在"边框"选项卡中选择"斜线"，在下方的"应用于"中选择"单元格"，单击"确定"按钮就可以插入斜线了，然后调整行高，可以双击鼠标输入内容或插入文本框输入内容。

（6）在绘制表格时，Word 2021 会自动弹出"表设计"选项卡。若希望更改绘制表格边框的粗细与颜色，可以通过"表设计"选项卡下"边框"组中的"笔样式""笔画粗细"和"笔颜色"下拉列表进行设置。

提示

　　用任何一种方式创建的表格都可以利用"表设计"选项卡来修改，单击"边框"组中"边框"下拉菜单中的"绘制表格"选项或者"布局"选项卡下"绘图"组中的"绘制表格"按钮，就可以对表格进行添加行或列的操作了。

（7）已经绘制好的线条是不能更改颜色和粗细的，此时可以使用"橡皮擦"按钮
""擦除。单击"布局"选项卡下"绘图"组中的"橡皮擦"按钮，光标就变成了
"✐"形状，将光标移动到需要擦除的线条上并单击该线条，在用户松开鼠标左键后该
线条被清除，如图4-10所示。如果要删除整张表格，可以用"✐"形状的光标在表
格外侧拉出一个大的矩形框，将所需删除的表格全部包含在内，待系统识别出要擦除
的线条后，松开鼠标左键，将自动擦除整张表格。

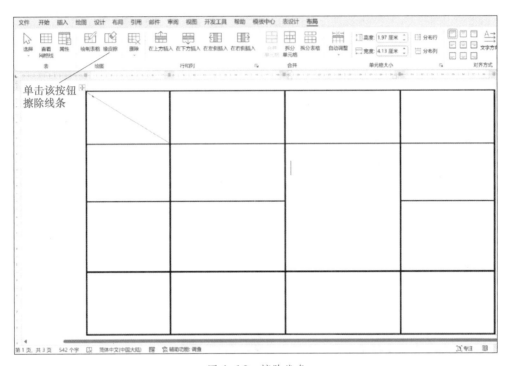

图4-10　擦除线条

提示

从图4-10中可以看到，擦除的线条只是局部线条，不是绘制时
跨越整张表格的线条。

4. 使用"文本转换成表格"选项创建表格

Word 2021提供了文字与表格的相互转换功能，具体操作方法详见本项目任务3转
换表格与文本。

5. 使用"快速表格"选项创建表格

Word 2021提供了一些常用的表格格式，"快速表格"功能可以使用户极方便地找

到自己需要的表格，后期只需要替换表格内容或进行一些小的修改即可。具体操作方法如下：

（1）打开"插入"选项卡，单击"表格"组中的"表格"按钮，打开下拉菜单，选择"快速表格"选项，在弹出的菜单中可以看到系统提供的一些快速表格样式，如图 4-11 所示。

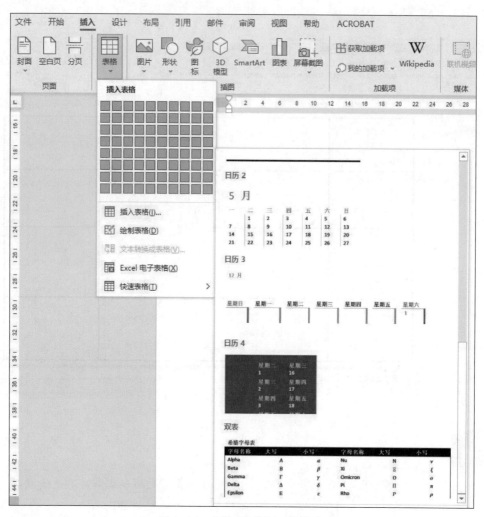

图 4-11 "快速表格"下拉菜单

（2）单击选中的表格样式，该表格就出现在文档中了，如图 4-12 所示。

此时，用户只需要将系统预设的文本内容替换为自己需要的文本内容，并根据自己的需要进行修改即可。

用户还可以将设计好的表格样式保存到"快速表格"库中，这样以后就可以很方便地使用"快速表格"功能创建表格了。

将表格样式添加到"快速表格库"中的操作方法如下：

1）将光标移动到表格区域内，可以看到表格的左上方出现了表格移动控制点图标"⊞"，单击这个图标可以选中整张表格。选择需要保存的表格后，单击"插入"选项卡下"表格"组中的"表格"按钮，在弹出的菜单中选择"快速表格"选项，然后在弹出的子菜单中选择"将所选内容保存到快速表格库"选项，此时将弹出"新建构建基块"对话框，如图4-13所示。

图4-12 创建快速表格

图4-13 "新建构建基块"对话框

2）在"新建构建基块"对话框中填入"名称"和"说明"后，单击"确定"按钮即可。

6. 使用"Excel 电子表格"创建表格

Excel 电子表格具有更强大的数据图像处理能力，单击"插入"选项卡下"表格"组中的"表格"按钮，打开下拉菜单，单击"Excel 电子表格"选项就可以插入 Excel 表格。使用"Excel 电子表格"选项可以在 Word 文档中嵌入 Excel 电子表格，如图 4-14 所示。双击该表格进入编辑模式后，就会发现在 Word 2021 中可以像使用 Excel 一样使用和编辑表格。

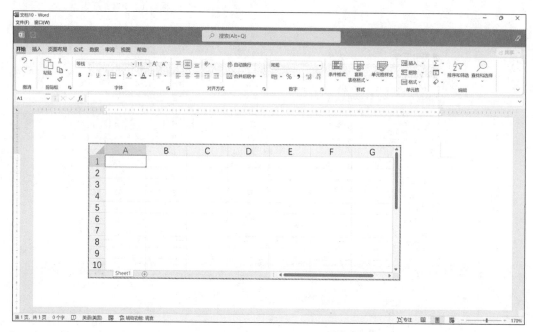

图 4-14　插入 Excel 电子表格

提示

Word 2021 允许在表格中建立新的表格，即表格嵌套。创建嵌套表格可以采取以下两种方法：

● 先在文档中插入或绘制一个表格，然后在需要嵌套表格的单元格内插入或绘制新的表格。

● 创建两个表格，选中其中一个，按住鼠标左键，可以将其拖动到另一个表格中，如图 4-15 所示。

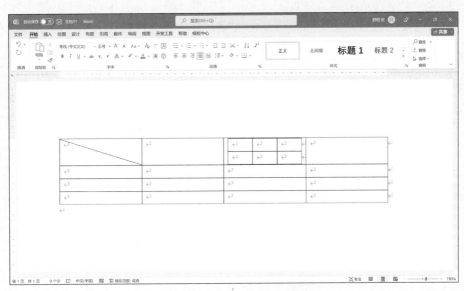

图 4-15　嵌套表格

在表格中添加数据的具体操作方法如下：

选择要输入文本的单元格，将光标移动到相应的位置后就可以直接输入任意长度的文本。

使用鼠标进行定位是最直观的定位方法，但在日常操作中，键盘的使用也是非常频繁的。表 4-1 中给出了一些常用的使用键盘在表格中移动光标的方法。

表 4-1　常用的使用键盘在表格中移动光标的方法

按键	动作
Tab 键或右箭头（→）	移到后一单元格（如果在光标位于表格的最后一个单元格时按下 Tab 键，将会自动添加一行）
Shift + Tab 键或左箭头（←）	移到同一行中的前一列（如果光标位于除第一行以外的其他行的第一列中，使用该组合快捷键后，光标将移动到上一行的最后一个单元格）
上箭头（↑）	移到上一行的同一列
下箭头（↓）	移到下一行的同一列
Alt+Home 键	移到本行的第一个单元格
Alt+End 键	移到本行的最后一个单元格
Alt+PageUp 键	移到本列的第一个单元格
Alt+PageDown 键	移到本列的最后一个单元格

如果一个单元格中的文字过多，会导致该单元格变得过长，抢占其他单元格的位置。如果需要在该单元格中压缩多余的文字，应将光标放置在表格内，然后单击"布局"选项卡下"表"组中的"属性"按钮，如图 4-16 所示。

单击"属性"按钮

图 4-16 "布局"选项卡

在弹出的"表格属性"对话框中选择"单元格"选项卡，单击"选项"按钮弹出"单元格选项"对话框，选中"适应文字"复选框即可，如图 4-17 所示。

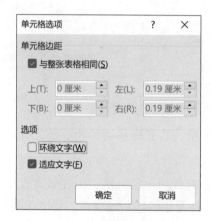

图 4-17 "单元格选项"对话框

提示

在表格上单击鼠标右键，选择"表格属性"选项也能打开"表格属性"对话框。

任务2 修改与复制表格

1. 能选定表格中的单元格、行或列。
2. 能插入或删除单元格、行或列。
3. 能拆分与合并单元格。

用户创建的表格常常需要修改才能完全符合要求，或者由于实际情况的变更，表格也需要相应地进行一些调整，如增加与删除行、列以及单元格，或合并、删除单元格等。

下面以软件一班2022—2023学年第二学期期末成绩统计为例，讲述相应的操作方法。图4-18所示为本任务的初始表格，在此表格基础上，进行增加与删除行、列以及单元格，合并、删除单元格的操作。

软件一班2022—2023学年第二学期期末成绩统计

学号	姓名	数据结构	线性代数	数据库	操作系统	大学英语	总分	排名
2063101	董力玮	100	100	99	100	95	494	1
2063106	刘彦宏	96	99	94	96	96	481	2
2063102	吴雨璇	99	85	95	99	85	463	3
2063110	赵昱旭	88	90	96	88	90	452	4
2063104	章天林	88	90	95	88	90	451	5
2063103	刘雨晨	96	80	85	96	88	445	6
2063107	郭昭辉	85	90	88	85	90	438	7
2063105	孙伊轩	85	85	90	85	85	430	8
2063112	王洋	80	88	86	80	88	422	9
2063108	杨正	70	86	86	86	86	414	10
2063109	张苗苗	66	86	83	66	86	387	11
2063111	霍家悦	55	60	70	55	60	300	12

图4-18 任务初始表格

在实际应用中，有时还需要将一个表格拆分成两个或者多个表格，本任务的学习内容还涉及表格的拆分。

表格创建完成后，单击表格将出现"表格工具"组，其中包含"表设计"和"布局"两个选项卡，使用这两个选项卡可以对表格进行编辑操作，如图 4-19 所示。

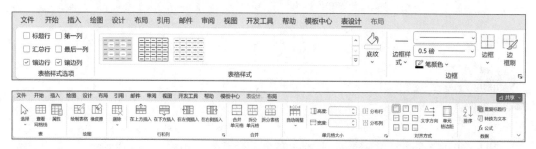

图 4-19 "表设计"和"布局"选项卡

要增加与删除行、列以及单元格，必须先选定表格。选定表格的方法有很多，这里仅介绍几种常用的方法。

● 将光标置于表格所需选中的行、列以及单元格中，然后单击"布局"选项卡下"表"组中的"选择"按钮，在弹出的下拉菜单中选择所需选取的类型（表格、列、行或单元格），如图 4-20 所示。

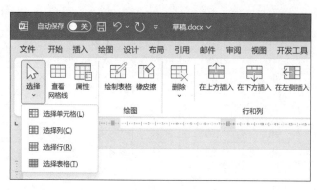

图 4-20 选定表格

● 选定一个单元格：将光标放在要选定的单元格的左下边框附近，鼠标指针会变为斜向上的实心箭头形状"↗"，单击鼠标左键可以选定相应的单元格，如图 4-21 所示。

● 选定一行或多行：移动光标到表格该行左侧外，光标会变为斜向右上的空心箭头形状"⇗"，单击鼠标左键可以选中该行。此时按住鼠标左键上下拖动，就可以选中多行，如图 4-22 所示。

软件一班 2022—2023 学年第二学期期末成绩统计

学号	姓名	数据结构	线性代数	数据库	操作系统	大学英语	总分	排名
2063101	董力玮	100	100	99	100	95	494	1
2063106	刘彦宏	96	99	94	96	96	481	2
2063102	吴雨璇	99	85	95	99	85	463	3
2063110	赵昱旭	88	90	96	88	90	452	4
2063104	章天林	88	90	95	88	90	451	5
2063103	刘雨晨	96	80	85	96	88	445	6
2063107	郭昭辉	85	90	88	85	90	438	7
2063105	孙伊轩	85	85	90	85	85	430	8
2063112	王洋	80	88	86	80	88	422	9
2063108	杨正	70	86	86	86	86	414	10
2063109	张苗苗	66	86	83	66	86	387	11
2063111	霍家悦	55	60	70	55	60	300	12

图 4-21　选定单元格

软件一班 2022—2023 学年第二学期期末成绩统计

学号	姓名	数据结构	线性代数	数据库	操作系统	大学英语	总分	排名
2063101	董力玮	100	100	99	100	95	494	1
2063106	刘彦宏	96	99	94	96	96	481	2
2063102	吴雨璇	99	85	95	99	85	463	3
2063110	赵昱旭	88	90	96	88	90	452	4
2063104	章天林	88	90	95	88	90	451	5
2063103	刘雨晨	96	80	85	96	88	445	6
2063107	郭昭辉	85	90	88	85	90	438	7
2063105	孙伊轩	85	85	90	85	85	430	8
2063112	王洋	80	88	86	80	88	422	9
2063108	杨正	70	86	86	86	86	414	10
2063109	张苗苗	66	86	83	66	86	387	11
2063111	霍家悦	55	60	70	55	60	300	12

图 4-22　选定多行

● 选定一列或多列：移动光标到表格该列顶端外侧，当光标变成竖直向下的实心箭头形状"↓"时，单击鼠标左键选中该列。按住鼠标左键，左右拖动可以选择多列，如图 4-23 所示。

● 选中多个单元格：按住鼠标左键，在要选取的单元格上拖动，可以选中连续的单元格。如果需要选择分散的单元格，则按照选中单元格的方法选中第一个单元格后，按住 Ctrl 键，用同样的方法选中其他的单元格即可。

● 选中整张表格：将光标移动到表格内，在表格左上角出现表格移动控制点图标"✛"，单击该图标即可选中整张表格。或者按住鼠标左键，从左上角向右下角拖动，当拖过整张表格时也可选中整张表格。

软件一班 2022—2023 学年第二学期期末成绩统计

学号	姓名	数据结构	线性代数	数据库	操作系统	大学英语	总分	排名
2063101	董力玮	100	100	99	100	95	494	1
2063106	刘彦宏	96	99	94	96	96	481	2
2063102	吴雨璇	99	85	95	99	85	463	3
2063110	赵昱旭	88	90	96	88	90	452	4
2063104	章天林	88	90	95	88	90	451	5
2063103	刘雨晨	96	80	85	96	88	445	6
2063107	郭昭辉	85	90	88	85	90	438	7
2063105	孙伊轩	85	85	90	85	85	430	8
2063112	王洋	80	88	86	80	88	422	9
2063108	杨正	70	86	86	86	86	414	10
2063109	张苗苗	66	86	83	66	86	387	11
2063111	霍家悦	55	60	70	55	60	300	12

图 4-23　选定多列

1. 在表格中增加与删除行、列以及单元格

选择完表格就可以进行插入操作了。

以在表格上方插入一个空行为例，具体操作方法如下：

在表格中选择待插入行的位置，单击鼠标右键，在弹出的快捷菜单中选择"插入"选项，在弹出的菜单中选择需要的选项，如图 4-24 所示。

在"布局"选项卡下的"行和列"组中，设置了四个插入行和列的相应按钮，单击这些按钮也可以进行相应的操作。插入行的效果如图 4-25 所示。

在表格中插入一个单元格与插入行或列类似，在表格上需要插入单元格的位置单击鼠标右键，打开图 4-24 所示的菜单，选择"插入单元格"选项即可。

也可以单击"布局"选项卡下"行和列"组的对话框启动器，弹出"插入单元格"对话框，选中"活动单元格下移"单选框或"活动单元格右移"单选框，单击"确定"按钮即可。

选中"活动单元格右移"单选框的效果如图 4-26 所示，在光标的位置插入一个新的单元格，原有单元格顺序右移。

在表格中选中要删除的行、列以及单元格，单击"布局"选项卡下"行和列"组中的"删除"按钮，弹出下拉菜单，可以根据删除内容的不同选择相应的选项，如图 4-27 所示。选择"删除单元格"时弹出的就是"删除单元格"对话框；或单击鼠标右键，在弹出的快捷菜单中单击"删除单元格"选项，也可以弹出"删除单元格"对话框。在"删除单元格"对话框中选择所需要的选项后单击"确定"按钮即可。

图 4-24 插入行或列

软件一班 2022—2023 学年第二学期期末成绩统计

学号	姓名	数据结构	线性代数	数据库	操作系统	大学英语	总分	排名
2063101	董力玮	100	100	99	100	95	494	1
2063106	刘彦宏	96	99	94	96	96	481	2
2063102	吴雨璇	99	85	95	99	85	463	3
2063110	赵昱旭	88	90	96	88	90	452	4
2063104	章天林	88	90	95	88	90	451	5
2063103	刘雨晨	96	80	85	96	88	445	6
2063107	郭昭辉	85	90	88	85	90	438	7
2063105	孙伊轩	85	85	90	85	85	430	8
2063112	王洋	80	88	86	80	88	422	9
2063108	杨正	70	86	86	86	86	414	10
2063109	张苗苗	66	86	83	66	86	387	11
2063111	霍家悦	55	60	70	55	60	300	12

图 4-25 插入行的效果

软件一班 2022—2023 学年第二学期期末成绩统计

学号	姓名	数据结构	线性代数	数据库	操作系统	大学英语	总分	排名	
2063101	董力玮	100	100	99	100	95	494	1	
2063106	刘彦宏	96	99	94	96	96	481	2	
2063102	吴雨璇	99	85	95	99	85	463	3	
2063110	赵昱旭	88	90	96	88	90	452	4	
2063104	章天林	88	90	95	88	90	451	5	
2063103	刘雨晨	96	80	85	96	88	445		6
2063107	郭昭辉	85	90	88	85	90	438	7	
2063105	孙伊轩	85	85	90	85	85	430	8	
2063112	王洋	80	88	86	80	88	422	9	
2063108	杨正	70	86	86	86	86	414	10	
2063109	张苗苗	66	86	83	66	86	387	11	
2063111	霍家悦	55	60	70	55	60	300	12	

图 4-26　活动单元格右移的效果

图 4-27　删除单元格

2. 合并与拆分单元格

用户可以将同一行或同一列中的两个或多个单元格合并为一个单元格。例如，修改前面的表格，将第一行中几个单元格合并为一个单元格。具体操作方法如下：

（1）选中要合并的单元格。

（2）单击鼠标右键，选择"合并单元格"选项，如图 4-28 所示。或在"布局"选项卡下"合并"组中单击"合并单元格"按钮。

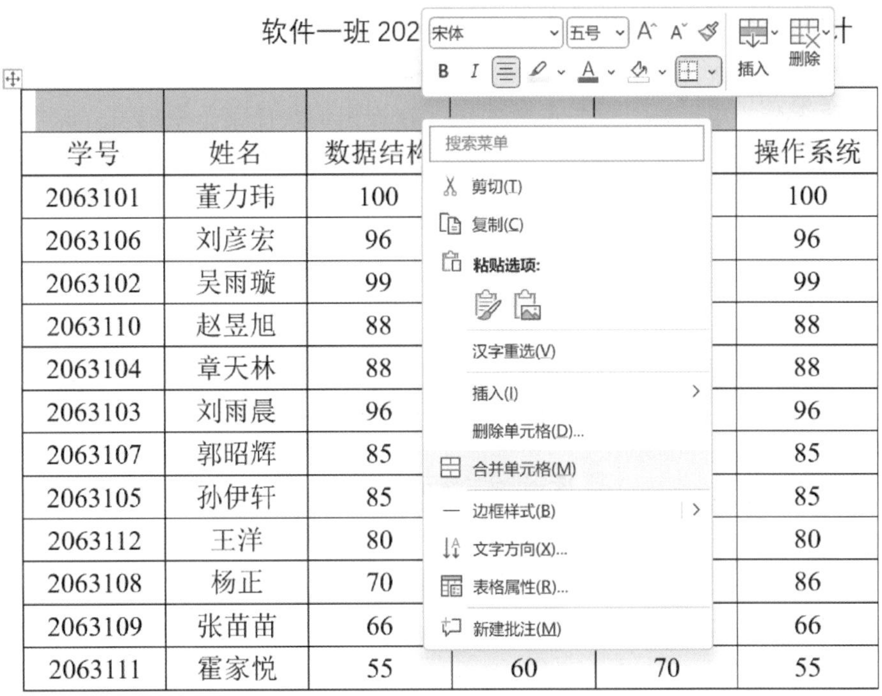

软件一班 202□□□□□计

图 4-28　合并单元格

合并单元格后的效果如图 4-29 所示。

软件一班 2022—2023 学年第二学期期末成绩统计

学号	姓名	数据结构	线性代数	数据库	操作系统
2063101	董力玮	100	100	99	100
2063106	刘彦宏	96	99	94	96
2063102	吴雨璇	99	85	95	99
2063110	赵昱旭	88	90	96	88
2063104	章天林	88	90	95	88
2063103	刘雨晨	96	80	85	96
2063107	郭昭辉	85	90	88	85
2063105	孙伊轩	85	85	90	85
2063112	王洋	80	88	86	80
2063108	杨正	70	86	86	86
2063109	张苗苗	66	86	83	66
2063111	霍家悦	55	60	70	55

图 4-29　合并单元格后的效果

单元格的拆分是合并的逆操作，可以将一个单元格拆分为多个单元格，也可以将多个单元格拆分为连续的单元格。

选中要拆分的单元格，单击鼠标右键，在弹出的快捷菜单中单击"拆分单元格"选项，弹出"拆分单元格"对话框，如图 4-30 所示。在"列数"和"行数"文本框中输入所需的列数和行数后单击"确定"按钮即可。

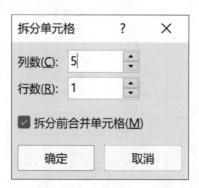

图 4-30 "拆分单元格"对话框

也可以单击"布局"选项卡下"合并"组中的"拆分单元格"按钮，同样可以弹出"拆分单元格"对话框并进行设置。

拆分单元格后的效果如图 4-31 所示。

软件一班 2022—2023 学年第二学期期末成绩统计

学号	姓名	数据结构	线性代数	数据库	操作系统
2063101	董力玮	100	100	99	100
2063106	刘彦宏	96	99	94	96
2063102	吴雨璇	99	85	95	99
2063110	赵昱旭	88	90	96	88
2063104	章天林	88	90	95	88
2063103	刘雨晨	96	80	85	96
2063107	郭昭辉	85	90	88	85
2063105	孙伊轩	85	85	90	85
2063112	王洋	80	88	86	80
2063108	杨正	70	86	86	86
2063109	张苗苗	66	86	83	66
2063111	霍家悦	55	60	70	55

图 4-31 拆分单元格后的效果

3. 拆分与合并表格

拆分表格是指将一个表格拆分为两个表格。如图 4-32 所示，通过拆分表格，原有的表格分为了两个表格。

软件一班 2022—2023 学年第二学期期末成绩统计

学号	姓名	数据结构	线性代数	数据库	操作系统	大学英语	总分	排名
2063101	董力玮	100	100	99	100	95	494	1
2063106	刘彦宏	96	99	94	96	96	481	2
2063102	吴雨璇	99	85	95	99	85	463	3
2063110	赵昱旭	88	90	96	88	90	452	4
2063104	章天林	88	90	95	88	90	451	5

2063103	刘雨晨	96	80	85	96	88	445	6
2063107	郭昭辉	85	90	88	85	90	438	7
2063105	孙伊轩	85	85	90	85	85	430	8
2063112	王洋	80	88	86	80	88	422	9
2063108	杨正	70	86	86	86	86	414	10
2063109	张苗苗	66	86	83	66	86	387	11

图 4-32　上下拆分表格的效果

（1）上下拆分表格

上下拆分表格的具体操作步骤如下：

1）选中拆分表格后要作为第二张表格首行的行，如图 4-33 所示。

软件一班 2022—2023 学年第二学期期末成绩统计

学号	姓名	数据结构	线性代数	数据库	操作系统	大学英语	总分	排名
2063101	董力玮	100	100	99	100	95	494	1
2063106	刘彦宏	96	99	94	96	96	481	2
2063102	吴雨璇	99	85	95	99	85	463	3
2063110	赵昱旭	88	90	96	88	90	452	4
2063104	章天林	88	90	95	88	90	451	5
2063103	刘雨晨	96	80	85	96	88	445	6
2063107	郭昭辉	85	90	88	85	90	438	7
2063105	孙伊轩	85	85	90	85	85	430	8
2063112	王洋	80	88	86	80	88	422	9
2063108	杨正	70	86	86	86	86	414	10
2063109	张苗苗	66	86	83	66	86	387	11
2063111	霍家悦	55	60	70	55	60	300	12

图 4-33　选中拆分表格后第二张表格的首行

2）单击"布局"选项卡下"合并"组中的"拆分表格"按钮，效果如图 4-32 所示。

（2）左右拆分表格

利用表格边框还可以把一张表格拆分为左、右两个部分。具体操作步骤如下：

1）选中表格中的某列，此列将作为左、右表格的分界。

2）单击"表设计"选项卡下"边框"组的对话框启动器；或单击鼠标右键，在弹出的快捷菜单中选择"表格属性"选项，弹出"表格属性"对话框，单击"边框和底纹"按钮，弹出"边框和底纹"对话框，如图4-34所示。

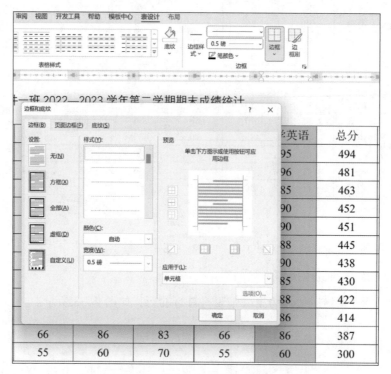

图4-34 "边框和底纹"对话框

3）在"设置"选项组中选择" 方框(X) "选项，再单击"预览"显示区中的"上边框线"按钮" "和"下边框线"按钮" "，将"预览"显示区中的上下两条框线取消。

4）单击"确定"按钮，即可看到原表格被拆分为左、右两张表格。被选中的表格中间一列单元格内如有文本内容，拆分表格后内容仍然留在原处，如图4-35所示。

提示

　　左右拆分表格只是使表格看起来像是两张表，这只是视觉上的效果，但实际上系统仍把它们视为一张表格。

软件一班 2022—2023 学年第二学期期末成绩统计

学号	姓名	数据结构	线性代数	数据库	操作系统	大学英语	总分	排名
2063101	董力玮	100	100	99	100	95	494	1
2063106	刘彦宏	96	99	94	96	96	481	2
2063102	吴雨璇	99	85	95	99	85	463	3
2063110	赵昱旭	88	90	96	88	90	452	4
2063104	章天林	88	90	95	88	90	451	5
2063103	刘雨晨	96	80	85	96	88	445	6
2063107	郭昭辉	85	90	88	85	90	438	7
2063105	孙伊轩	85	85	90	85	85	430	8
2063112	王洋	80	88	86	80	88	422	9
2063108	杨正	70	86	86	86	86	414	10
2063109	张苗苗	66	86	83	66	86	387	11
2063111	霍家悦	55	60	70	55	60	300	12

图 4-35　左右拆分表格的效果

任务 3　转换表格与文本

学习目标

1. 能将文本转换成表格。
2. 能将表格转换成文本。

任务描述

在 Word 2021 中，允许在文本与表格之间进行相互转换。这个功能大大加快了用户的制表速度。

本任务以前面使用的表格为例，讲述如何进行文本与表格的相互转换。

相关知识

将文本转换成表格时，需要使用逗号、制表符或其他分隔符标记出新的列开始的位置，Word 2021 会自动识别这些分隔符号，确定它们所在的列。

将表格转换成文本时，使用"转换为文本"按钮即可将表格转换成文本，非常简单快捷。

实践操作

1. 将表格转换成文本

将表格转换成文本的操作步骤如下：

（1）选择要转换成文本的表格或表格内的行。单击"布局"选项卡下"数据"组中的"转换为文本"按钮"⬚"，打开"表格转换成文本"对话框，如图 4-36 所示。

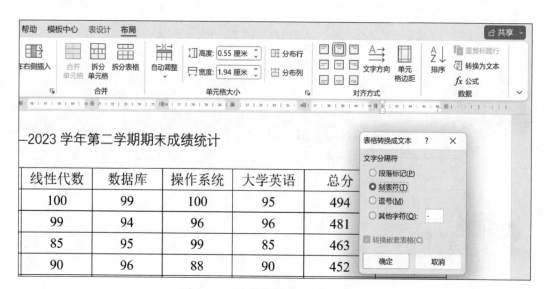

图 4-36 "表格转换成文本"对话框

（2）在"文字分隔符"下单击所需的选项，如"制表符"选项，作为替代表边框的分隔符，转换结果如图 4-37 所示。

学号	姓名	数据结构	线性代数	数据库	操作系统	大学英语	总分	排名
2063101	董力玮	100	100	99	100	95	494	1
2063106	刘彦宏	96	99	94	96	96	481	2
2063102	吴雨璇	99	85	95	99	85	463	3
2063110	赵昱旭	88	90	96	88	90	452	4
2063104	章天林	88	90	95	88	90	451	5
2063103	刘雨晨	96	80	85	96	88	445	6
2063107	郭昭辉	85	90	88	85	90	438	7
2063105	孙伊轩	85	85	90	85	85	430	8
2063112	王洋	80	88	86	80	88	422	9
2063108	杨正	70	86	86	86	86	414	10
2063109	张苗苗	66	86	83	66	86	387	11
2063111	霍家悦	55	60	70	55	60	300	12

图 4-37 将表格转换成文本的效果

2. 将文本转换成表格

将文本转换成表格的操作步骤如下：

（1）选择要转换的文本，用逗号、制表符、空格或其他分隔符标记新的列开始的位置。如在所需设置的文本内容后加上 ",", 如图 4-38 所示。

软件一班 2022—2023 学年第二学期期末成绩统计

学号，姓名，数据结构，线性代数，数据库，操作系统，大学英语，总分，排名
2063101，董力玮，100, 100, 99, 100, 95, 494, 1
2063106，刘彦宏，96, 99, 94, 96, 96, 481, 2
2063102，吴雨璇，99, 85, 95, 99, 85, 463, 3
2063110，赵昱旭，88, 90, 96, 88, 90, 452, 4
2063104，章天林，88, 90, 95, 88, 90, 451, 5
2063103，刘雨晨，96, 80, 85, 96, 88, 445, 6
2063107，郭昭辉，85, 90, 88, 85, 90, 438, 7
2063105，孙伊轩，85, 85, 90, 85, 85, 430, 8
2063112，王洋，80, 88, 86, 80, 88, 422, 9
2063108，杨正，70, 86, 86, 86, 86, 414, 10
2063109，张苗苗，66, 86, 83, 66, 86, 387, 11
2063111，霍家悦，55, 60, 70, 55, 60, 300, 12

图 4-38 设置分隔符

（2）选定需要转换的文本后，单击"插入"选项卡下"表格"组中的"表格"按钮，在弹出的下拉菜单中选择"文本转换成表格"选项，如图 4-39 所示。

图 4-39 将文本转换成表格

（3）单击"文本转换成表格"选项后，弹出图 4-40 所示的对话框，在"表格尺寸"选项组下的"列数"文本框中输入所需的列数，一般情况下，系统会根据文本所设置的分隔符计算出所需的列数，如果选择的列数大于这个数值，会自动在表格后增加空列。在"文字分隔位置"选项组下选择所需的分隔符，大部分情况下系统会自动识别出来。完成设置后单击"确定"按钮即可。

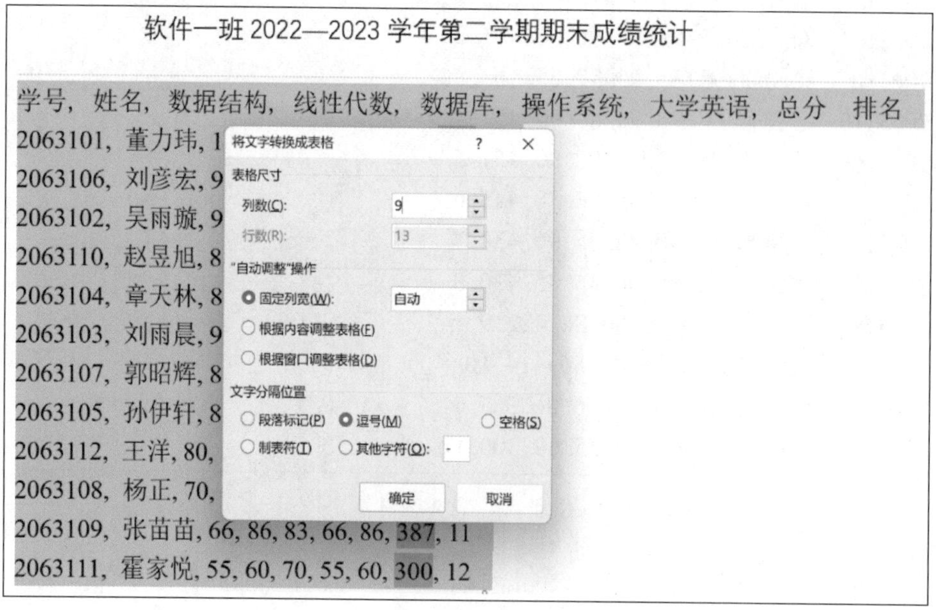

图 4-40 "将文字转换成表格"对话框

关闭"将文字转换成表格"对话框后回到文本编辑界面，可以看到转换已经完成，效果如图4-41所示。

软件一班2022—2023学年第二学期期末成绩统计

学号	姓名	数据结构	线性代数	数据库	操作系统	大学英语	总分	排名
2063101	董力玮	100	100	99	100	95	494	1
2063106	刘彦宏	96	99	94	96	96	481	2
2063102	吴雨璇	99	85	95	99	85	463	3
2063110	赵昱旭	88	90	96	88	90	452	4
2063104	章天林	88	90	95	88	90	451	5
2063103	刘雨晨	96	80	85	96	88	445	6
2063107	郭昭辉	85	90	88	85	90	438	7
2063105	孙伊轩	85	85	90	85	85	430	8
2063112	王洋	80	88	86	80	88	422	9
2063108	杨正	70	86	86	86	86	414	10
2063109	张苗苗	66	86	83	66	86	387	11
2063111	霍家悦	55	60	70	55	60	300	12

图4-41　将文本转换成表格的效果

任务4　设置表格格式

学习目标

1. 能使用自动套用表格格式功能。

2. 能设置表格中的文字格式。

3. 能手动设置表格格式。

创建完表格后，还需要对其边框、颜色、字体、文本等进行排版，以美化表格。

本任务以前面使用过的表格为例，对表格依次进行自动套用预设格式、设置表格中文字的对齐方式及表格的调整等操作。

Word 2021 中内置了许多种表格格式，使用任何一种内置的表格格式都可以为表格应用专业的设计。用户也可以根据自己的需要对表格进行文字格式、单元格大小等设置。

1. 自动套用表格格式

自动套用表格格式的操作步骤如下：

（1）选中需要修饰的表格，单击"表设计"选项卡，可以看到"表格样式"组中的几种简单的表格样式，如图 4–42 所示。

图 4–42　表格样式

单击"上翻"按钮"▲"或"下翻"按钮"▼"，可以翻动表格样式列表；单击"展开"按钮"▼"可以查看所有表格样式列表，如图 4–43 所示。将光标移动到样式表格上时，在文档中可以预览到表格自动套用该样式后的效果。

（2）在选中的样式上单击鼠标，文档中的表格会自动套用该样式。

（3）选择完样式后，可以单击"表设计"选项卡下"表格样式"组中的相应按钮对样式进行调整。

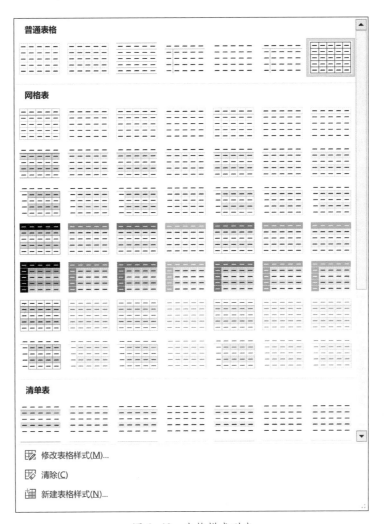

图 4-43　表格样式列表

 提示

　　● 如果需要修改已有的样式来创建自己的表格样式，方便以后使用，可以单击图 4-43 中的"修改表格样式"选项。

　　● 要清除表格样式，可以单击图 4-43 中的"清除"选项。

　　● 要创建自己的表格样式，可以单击图 4-43 中的"新建表格样式"选项。

2. 设置表格中的文字格式

表格中文字字体、字号等的设置与文本的设置相同，当字号增大时，表格会自动调整行高与列宽来适应文本的需要。本任务着重讨论文字对齐方式与文字方向的设置。

（1）更改文字对齐方式

Word 2021 中提供了九种文字对齐方式，分别是“靠上左对齐”“靠上居中对齐”“靠上右对齐”“中部左对齐”“水平居中”“中部右对齐”“靠下左对齐”“靠下居中对齐”“靠下右对齐”，在表格工具“布局”选项卡下的“对齐方式”组中显示了这九种文字对齐方式。用户可以依次尝试，观察选择每种对齐方式后的效果。

更改文字对齐方式的具体操作步骤如下：

1）选中需要设置文字对齐方式的单元格。

2）根据需要单击“布局”选项卡下“对齐方式”组中的相应对齐方式按钮，或单击鼠标右键，在弹出的快捷菜单中选择“表格属性”选项，再选择相应的对齐方式按钮。

如设置文字居中对齐，效果如图 4-44 所示。

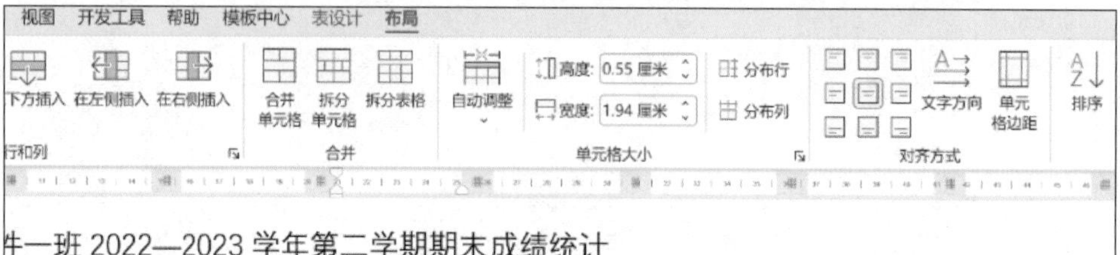

数据结构	线性代数	数据库	操作系统	大学英语	总分	排名
100	100	99	100	95	494	1
96	99	94	96	96	481	2
99	85	95	99	85	463	3
88	90	96	88	90	452	4
88	90	95	88	90	451	5
96	80	85	96	88	445	6
85	90	88	85	90	438	7
85	85	90	85	85	430	8
80	88	86	80	88	422	9
70	86	86	86	86	414	10
66	86	83	66	86	387	11
55	60	70	55	60	300	12

图 4-44 文字居中的对齐效果

在图 4-44 中可以看到，选中列的数据不再是靠右对齐方式，而更改为居中对齐方式。

提示

也可以使用"开始"选项卡下"段落"组中的文字对齐方式进行设置。

（2）更改文字方向

在默认情况下，Word 2021 单元格的文字方向为水平方向。用户可以根据需要更改单元格中的文字方向，以使文字垂直或水平显示。

更改文字方向的操作步骤如下：

1）单击需要更改文字方向的单元格，如果需要同时修改多个单元格，可以选中所有需要修改的单元格。

2）单击"布局"选项卡下"对齐方式"组中的"文字方向"按钮" "，或单击鼠标右键，在弹出的快捷菜单中单击"文字方向"选项，弹出"文字方向–表格单元格"对话框，如图 4-45 所示。

3）选择相应的文字方向按钮后单击"确定"按钮即可。

图 4-45　"文字方向–表格单元格"对话框

3．调整表格

表格编辑完毕，需要进行一些调整，使其更加符合用户的要求。

Word 2021 中提供了表格自动调整的功能。

选中表格后，单击"布局"选项卡下"单元格大小"组中的"自动调整"按钮" "，弹出下拉菜单，其中提供了三种自动调整功能："根据内容自动调整表格""根据窗口自动调整表格"和"固定列宽"。或者选中表格后单击鼠标右键，在弹出的快捷菜单中单击"自动调整"选项，也可实现相应调整。

"布局"选项卡下"单元格大小"组中还提供了"分布行"按钮和"分布列"按钮，它们的作用如下：

● 根据内容自动调整表格：自动根据单元格内容的多少相应调整单元格的大小。

● 根据窗口自动调整表格：自动根据单元格内容的多少及窗口的大小调整单元格

的大小。

● 固定列宽：固定单元格的宽度，无论内容怎么变化，列宽都不会发生改变，如果没有设置固定行高，行高可根据内容相应变化。

● 分布行：保持各行行高一致。无论内容怎么变化，此选项会使选中的各行行高平均分布。如果没有设置固定列宽，列宽可根据内容相应变化。

● 分布列：保持各列列宽一致。无论内容怎么变化，此选项会使选中的各列列宽平均分布。如果没有设置固定行高，行高可根据内容相应变化。

如果没有经过进一步的设置，刚创建出来的表格往往不能满足不同输入内容的要求，为了使新表格变得更加美观，也需要对行高和列宽进行设置。

可以直接拖动表格的行或列，以改变某行或某列所占的空间。将光标移动到需要改变位置的行线或列线上，当光标变为 "✛|➔" 形状时，按住鼠标左键左右拖动可以改变该列列宽；当光标变为 "⬍" 形状时，按住鼠标左键上下拖动可以改变该行行高。

与绘制表格相同，调整行高或列宽时，Word 2021 会显示虚线以提示用户改变后的位置。如图 4-46 所示，松开鼠标后，该列的列宽自动改变，表格的左侧会移动到虚线所在的位置。

虚线用来提示用户改变后的位置

软件一班 2022—2023 学年第二学期期末成绩统计

学号	姓名	数据结构	线性代数	数据库	操作系统	大学英语	总分	排名
2063101	董力玮	100	100	99	100	95	494	1
2063106	刘彦宏	96	99	94	96	96	481	2
2063102	吴雨璇	99	85	95	99	85	463	3
2063110	赵昱旭	88	90	96	88	90	452	4
2063104	章天林	88	90	95	88	90	451	5
2063103	刘雨晨	96	80	85	96	88	445	6
2063107	郭昭辉	85	90	88	85	90	438	7
2063105	孙伊轩	85	85	90	85	85	430	8
2063112	王洋	80	88	86	80	88	422	9
2063108	杨正	70	86	86	86	86	414	10
2063109	张苗苗	66	86	83	66	86	387	11
2063111	霍家悦	55	60	70	55	60	300	12

图 4-46　调整列宽

如果要改变整张表格的大小，可以将光标移动到表格的右下角，当光标变为 "⬂" 形状时，按住鼠标左键沿对角线方向拖动即可。

使用上述方法可以很方便、直观地改变表格的行高和列宽，但需要精确设置表格的行高和列宽时，就需要使用"表格属性"对话框了。

选中表格后单击鼠标右键，在弹出的快捷菜单中选择"表格属性"选项，或单击"布局"选项卡下"单元格大小"组中的对话框启动器，弹出"表格属性"对话框。在该对话框中，可以对表格、行、列和单元格分别进行设置，如图4-47所示。

图4-47　"表格属性"对话框

在"表格"选项卡中可以对整张表格的宽度进行设置，选中"指定宽度"复选框，在旁边的文本框中可以输入指定的宽度值；在"度量单位"下拉列表中可以选择宽度的单位，有厘米和百分比两种。确定了表格的宽度值后，无论表格中的内容变多或变少，只会根据内容调整表格的高度，而不影响宽度。

选择"行"选项卡，在"尺寸"选项组中可以根据需要对该行输入指定高度，单击"上一行"按钮和"下一行"按钮可以对其他行进行设置。如果需要在表格中输入大量内容，而对表格行高进行自动调整时，打开"行高值是"下拉列表，选择"最小值"，这样当输入内容高于指定高度时，行的高度会自动增加。如果不允许表格行高发生变化，选择"固定值"后在"指定高度"文本框中输入指定行高，行高就不会因为内容的变化而发生变化，如图4-48所示。

"列"选项卡与"单元格"选项卡的设置与"行"选项卡的设置类似，这里不再赘述。

图 4-48 "行"选项卡

表格每一个单元格中的文字与边框之间都有上、下、左、右的距离。在默认情况下，字体的大小不同，距离也不相同。如果存储的字体过大，或者内容较多，都会影响表现效果。此时需要考虑设置单元格中的文字到边框的距离，使文字远离或者接近边框。

具体操作步骤如下：

（1）选择要调整的单元格，如果要调整整张表格，则选中整张表格。

（2）在选中的单元格或表格上单击鼠标右键，选择"表格属性"选项，或单击"布局"选项卡下"表"组中的"属性"按钮，弹出"表格属性"对话框。如果要针对整张表格进行调整，选择"表格"选项卡，单击右下角的"选项"按钮，弹出"表格选项"对话框，如图 4-49 所示。

（3）在"表格选项"对话框的"默认单元格边距"选项组中分别输入"上""下""左""右"的值，并单击"确定"按钮。

（4）如果只需要调整所选中的单元格，则选择"单元格"选项卡，然后单击"选项"按钮，弹出图 4-50 所示的"单元格选项"对话框。首先取消"与整张表格相同"复选框，然后在"单元格边距"选项组中输入"上""下""左""右"的值后，单击"确定"按钮。

在默认情况下，新建的表格是沿着页面左对齐的，有时为了美观，可能需要移动表格的位置。移动表格的方法很简单，将光标置于表格内，在表格左上角的移动控制点出现时，将光标移动到控制点上，此时光标会变成"✛"形状，按住鼠标左键直接进行拖动，拖到需要的位置放开鼠标左键即可。拖动过程中系统将显示虚线提示框，提示用户当前移动的位置，如图 4-51 所示。

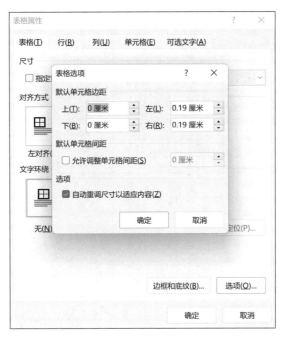

图 4-49　"表格选项"对话框

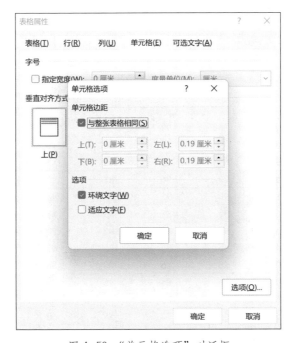

图 4-50　"单元格选项"对话框

软件一班 2022—2023 学年第二学期期末成绩统计

学号	姓名	数据结构	线性代数	数据库	操作系统	大学英语	总分	排名
2063101	董力玮	100	100	99	100	95	494	1
2063106	刘彦宏	96	99	94	96	96	481	2
2063102	吴雨璇	99	85	95	99	85	463	3
2063110	赵昱旭	88	90	96	88	90	452	4
2063104	章天林	88	90	95	88	90	451	5
2063103	刘雨晨	96	80	85	96	88	445	6
2063107	郭昭辉	85	90	88	85	90	438	7
2063105	孙伊轩	85	85	90	85	85	430	8
2063112	王洋	80	88	86	80	88	422	9
2063108	杨正	70	86	86	86	86	414	10
2063109	张苗苗	66	86	83	66	86	387	11
2063111	霍家悦	55	60	70	55	60	300	12

图 4-51　移动表格

由于编辑的需要，有时需要设置在页面上对齐表格，此时可以使用"表格属性"对话框进行设置。在表格上单击鼠标右键，在弹出的快捷菜单上选择"表格属性"选项，在弹出的"表格属性"对话框中选择"表格"选项卡，在"对齐方式"下选择所需要的选项。图 4-52 所示为选择对齐方式为"左对齐"、文字环绕为"环绕"的效果。

软件一班 2022—2023 学年第二学期期末成绩统计

学号	姓名	数据结构	线性代数	数据库	操作系统	大学英语	总分	排名
2063101	董力玮	100	100	99	100	95	494	1
2063106	刘彦宏	96	99	94	96	96	481	2
2063102	吴雨璇	99	85	95	99	85	463	3
2063110	赵昱旭	88	90	96	88	90	452	4
2063104	章天林	88	90	95	88	90	451	5
2063103	刘雨晨	96	80	85	96	88	445	6
2063107	郭昭辉	85	90	88	85	90	438	7
2063105	孙伊轩	85	85	90	85	85	430	8
2063112	王洋	80	88	86	80	88	422	9
2063108	杨正	70	86	86	86	86	414	10
2063109	张苗苗	66	86	83	66	86	387	11
2063111	霍家悦	55	60	70	55	60	300	12

图 4-52　设置表格的对齐和环绕方式

任务5　美化表格

1. 能添加并设置表格边框。
2. 能添加并设置表格底纹。

任务描述

使用系统提供的表格工具对表格进行设置，可以使表格具有精美的外观，本任务仍以前面使用过的表格为例，为用户介绍如何为表格添加边框和底纹。

相关知识

在创建表格之后，需要经过一定的设置才能使表格具有更好的显示效果。Word 2021可以为整张表格或表格中的某个单元格添加边框，或用底纹来填充表格的背景。使用"表设计"选项卡可以为表格添加美观的边框和底纹。

实践操作

1. 设置表格的边框

Word 2021提供了两种不同的方法来设置表格的边框，具体操作方法如下：

方法一：

（1）选中需要修饰的表格或单元格，单击"表设计"选项卡下"边框"组中的"边框"按钮，打开图4-53所示的下拉菜单。

（2）若选中"上框线"选项，可以发现表格的上框线消失了，如图4-54所示。

以此类推，选择"外侧框线"选项，则只留下表格内的网格；选择"所有框线"选项，则不显示表格的框线而只显示排布好的数据及文本。

方法二：选中需要修饰的表格或单元格，单击"表设计"选项卡下"边框"组中的对话框启动器，或单击鼠标右键，在弹出的快捷菜单中选择"表格属性"选项，打开"表格属性"对话框，单击"边框和底纹"按钮，打开"边框和底纹"对话框，如图 4-55 所示。

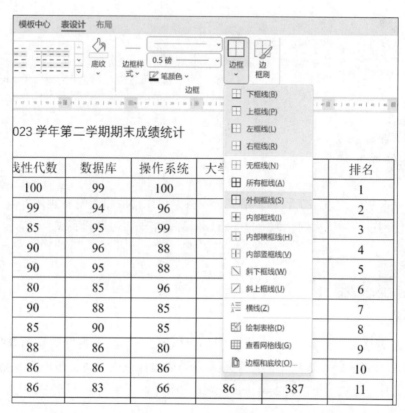

图 4-53　设置表格边框

软件一班 2022—2023 学年第二学期期末成绩统计

学号	姓名	数据结构	线性代数	数据库	操作系统	大学英语	总分	排名
2063101	董力玮	100	100	99	100	95	494	1
2063106	刘彦宏	96	99	94	96	96	481	2
2063102	吴雨璇	99	85	95	99	85	463	3
2063110	赵昱旭	88	90	96	88	90	452	4
2063104	章天林	88	90	95	88	90	451	5
2063103	刘雨晨	96	80	85	96	88	445	6
2063107	郭昭辉	85	90	88	85	90	438	7
2063105	孙伊轩	85	85	90	85	85	430	8
2063112	王洋	80	88	86	80	88	422	9
2063108	杨正	70	86	86	86	86	414	10
2063109	张苗苗	66	86	83	66	86	387	11
2063111	霍家悦	55	60	70	55	60	300	12

图 4-54　取消上框线

图 4-55　"边框和底纹"对话框

在"设置"中选择"方框"选项，仅对最外面的边框应用选定框，而不会为每个单元格都加上边框。选择"全部"选项则对每条线条都应用选定框。选择"虚框"选项会自动为里面的单元格加上边框。注意：选择"虚框"选项时，表格边框显示并不为虚框，打印出来才为虚框。图 4-56 所示分别为设置"无"选项、"方框"选项、"全部"选项和"虚框"选项的效果图。

用户还可以根据需要，在"样式"中选择所需要的线条样式；在"颜色"下拉列表中选择不同的颜色；在"宽度"下拉列表中选择线条的宽度。或者打开右下角的"应用于"下拉列表，选择是针对"文字""段落""单元格"还是"表格"进行设置。

软件一班 2022—2023 学年第二学期期末成绩统计

学号	姓名	数据结构	线性代数	数据库	操作系统	大学英语	总分	排名
2063101	董力玮	100	100	99	100	95	494	1
2063106	刘彦宏	96	99	94	96	96	481	2
2063102	吴雨璇	99	85	95	99	85	463	3
2063110	赵昱旭	88	90	96	88	90	452	4
2063104	章天林	88	90	95	88	90	451	5
2063103	刘雨晨	96	80	85	96	88	445	6
2063107	郭昭辉	85	90	88	85	90	438	7
2063105	孙伊轩	85	85	90	85	85	430	8
2063112	王洋	80	88	86	80	88	422	9
2063108	杨正	70	86	86	86	86	414	10
2063109	张苗苗	66	86	83	66	86	387	11
2063111	霍家悦	55	60	70	55	60	300	12　无

软件一班 2022—2023 学年第二学期期末成绩统计

学号	姓名	数据结构	线性代数	数据库	操作系统	大学英语	总分	排名
2063101	董力玮	100	100	99	100	95	494	1
2063106	刘彦宏	96	99	94	96	96	481	2
2063102	吴雨璇	99	85	95	99	85	463	3
2063110	赵昱旭	88	90	96	88	90	452	4
2063104	章天林	88	90	95	88	90	451	5
2063103	刘雨晨	96	80	85	96	88	445	6
2063107	郭昭辉	85	90	88	85	90	438	7
2063105	孙伊轩	85	85	90	85	85	430	8
2063112	王洋	80	88	86	80	88	422	9
2063108	杨正	70	86	86	86	86	414	10
2063109	张苗苗	66	86	83	66	86	387	11
2063111	霍家悦	55	60	70	55	60	300	12

方框

软件一班 2022—2023 学年第二学期期末成绩统计

学号	姓名	数据结构	线性代数	数据库	操作系统	大学英语	总分	排名
2063101	董力玮	100	100	99	100	95	494	1
2063106	刘彦宏	96	99	94	96	96	481	2
2063102	吴雨璇	99	85	95	99	85	463	3
2063110	赵昱旭	88	90	96	88	90	452	4
2063104	章天林	88	90	95	88	90	451	5
2063103	刘雨晨	96	80	85	96	88	445	6
2063107	郭昭辉	85	90	88	85	90	438	7
2063105	孙伊轩	85	85	90	85	85	430	8
2063112	王洋	80	88	86	80	88	422	9
2063108	杨正	70	86	86	86	86	414	10
2063109	张苗苗	66	86	83	66	86	387	11
2063111	霍家悦	55	60	70	55	60	300	12

全部

软件一班 2022—2023 学年第二学期期末成绩统计

学号	姓名	数据结构	线性代数	数据库	操作系统	大学英语	总分	排名
2063101	董力玮	100	100	99	100	95	494	1
2063106	刘彦宏	96	99	94	96	96	481	2
2063102	吴雨璇	99	85	95	99	85	463	3
2063110	赵昱旭	88	90	96	88	90	452	4
2063104	章天林	88	90	95	88	90	451	5
2063103	刘雨晨	96	80	85	96	88	445	6
2063107	郭昭辉	85	90	88	85	90	438	7
2063105	孙伊轩	85	85	90	85	85	430	8
2063112	王洋	80	88	86	80	88	422	9
2063108	杨正	70	86	86	86	86	414	10
2063109	张苗苗	66	86	83	66	86	387	11
2063111	霍家悦	55	60	70	55	60	300	12

虚框

图 4-56 为表格边框设置不同选项的效果

2．设置表格的底纹

与设置表格的边框相同，Word 2021 提供了两种不同的设置方法供用户设置表格的底纹和颜色。

方法一：选中需要装饰的表格或表格某个部分，单击"表设计"选项卡下"表格样式"组中的"底纹"按钮"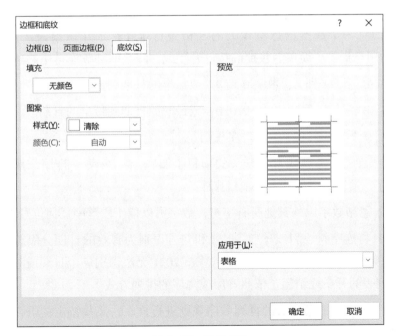"打开调色板，如图 4-57 所示。可以在调色板中选择所需要的颜色，如果需要选择其他颜色，单击"其他颜色"按钮即可。

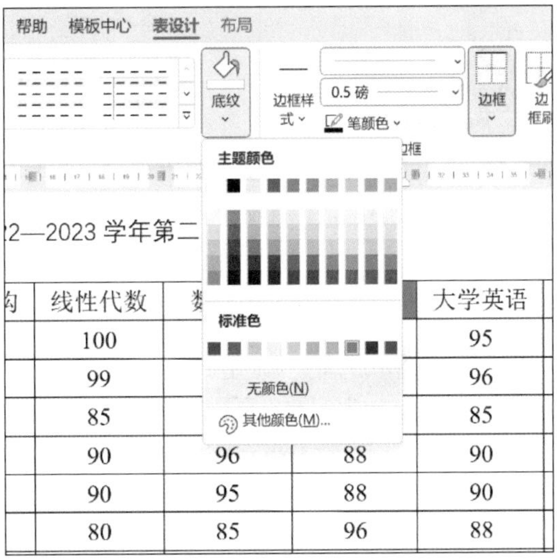

方法二：选中需要装饰的表格或表格某个部分，单击"表设计"选项卡下"边框"组中的对话框启动器，打开"边框和底纹"对话框，选择"底纹"选项卡后可以选择需要填充的颜色。用户还可以在"图案"选项组的"样式"下拉列表中选择填充的样式，并在"应用于"下拉列表中选择合适的应用形式，如图 4-58 所示。

图 4-57　打开调色板

图 4-58　设置底纹

任务 6　使用排序和公式

1. 能在表格中排序。
2. 能在表格中使用公式计算。

为了方便查阅，很多情况下要求表格中存储的信息具有一定的排列规则，Word 2021 提供了将表格中的文本、数据排序的功能，并可帮助用户完成常规的数学计算。本任务以学生成绩表为例，学习如何使用 Word 2021 的排序及求和计算功能。

如果手动对一个数据信息量较大的表格进行排序，工作量很大，也容易出错。Word 2021 为用户提供了简单、快捷的按"升"或"降"两种顺序排序的功能。

升序是指由字母 A 到 Z、数字 0 到 9，或最早的日期到最晚的日期。

降序是指由字母 Z 到 A、数字 9 到 0，或最晚的日期到最早的日期。

下面介绍一下 Word 2021 中的排序规则。

● 文字：首先以标点或符号开头的项目（如！、#、% 等）排序，其次以数字开头的项目排序，最后以字母开头的项目排序。

● 数字：忽略数字以外其他所有字符，数字可以位于段落中任何位置。

● 日期：将连字符、斜线（/）、逗号和句号识别为有效的日期分隔符，同时将冒号（:）识别为有效的时间分隔符。如果 Word 2021 无法识别一个日期或时间，会将该项目排列在列表的开头或结尾（依照升序或降序的排列方式）。

● 特定的语言：根据语言的排列顺序规则进行排序，某些特定的语言有不同的排列顺序规则可供选择。

● 后续字符：以相同字符开头的两个或更多的项目，将比较各项目中的后续字符，以决定排列次序。

● 域结果：将按指定的排序选项对域结果进行排序。如果两个项目中的某个域（如姓氏）完全相同，将比较下一个域（如名字）。

Word 2021 中的表格还提供了强大的计算功能，可以帮助用户完成常用的数学计算。建议用户使用 Excel 来执行复杂的计算，这里只简单介绍如何计算行或列中的数值总和。

实践操作

1. 使用排序

在表格中对文本排序时，可以选择对表格中单独的列或者整张表格排序。对表格中的某一列排序的具体操作步骤如下：

（1）选择需要排序的列，单击"布局"选项卡下"数据"组中的"排序"按钮，打开"排序"对话框，如图 4-59 所示。

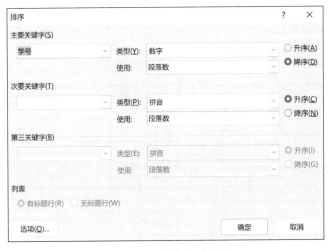

图 4-59　"排序"对话框

（2）选择所需的排列选项，"主要关键字"默认为要排序的列。"类型"由 Word 2021 自动识别为"数字"类型，也可以根据需要打开下拉列表选择相应的排序类型。接下来可以在右侧的单选框中选择"升序"或"降序"，这里根据需要选择"降序"。

（3）选中的行部分包含标题行，所以在"列表"选项组中可以勾选"有标题行"单选框，这种方法常用于对除表格顶部几行以外的部分进行排序；如果选择部分不包括标题行，则勾选"无标题行"单选框。

（4）单击"选项"按钮，打开图 4-60 所示的"排序选项"对话框。

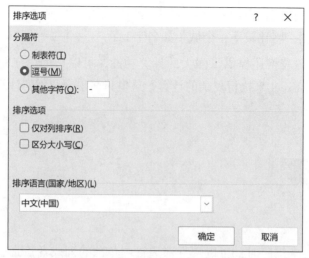

图 4-60 "排序选项"对话框

（5）如果选中"仅对列排序"复选框，Word 2021 会根据此关键字的顺序，仅调整选中列的顺序；如果不选中该复选框，则调整所有记录的顺序。

（6）单击"确定"按钮，再单击"排序"对话框中的"确定"按钮，关闭对话框，完成排序，排序结果如图 4-61 所示。所有数据都已按学号大小降序排列。

软件一班 2022—2023 学年第二学期期末成绩统计

学号	姓名	数据结构	线性代数	数据库	操作系统	大学英语	总分	排名
2063112	王洋	80	88	86	80	88	422	9
2063111	霍家悦	55	60	70	55	60	300	12
2063110	赵昱旭	88	90	96	88	90	452	4
2063109	张苗苗	66	86	83	66	86	387	11
2063108	杨正	70	86	86	86	86	414	10
2063107	郭昭辉	85	90	88	85	90	438	7
2063106	刘彦宏	96	99	94	96	96	481	2
2063105	孙伊轩	85	85	90	85	85	430	8
2063104	章天林	88	90	95	88	90	451	5
2063103	刘雨晨	96	80	85	96	88	445	6
2063102	吴雨璇	99	85	95	99	85	463	3
2063101	董力玮	100	100	99	100	95	494	1

图 4-61 排序结果

2. 使用公式

计算行或列中数值总和的操作步骤如下：

（1）单击表格最后一行中各列要放置求和结果的单元格。

（2）单击"布局"选项卡下"数据"组中的"公式"按钮，打开"公式"对话框，如图 4-62 所示。

若选定的单元格位于一列数值的底端，Word 2021 会建议采用公式"=SUM（ABOVE）"进行计算；若选定的单元格位于一行数值的右侧，Word 2021 会建议采用公式"=SUM（LEFT）"进行计算。

（3）确认选定的公式正确，单击"确定"按钮即可完成相应的计算，求和结果如图 4-63 所示。

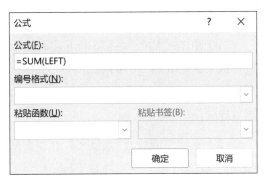

图 4-62　"公式"对话框

软件一班 2022—2023 学年第二学期期末成绩统计

学号	姓名	数据结构	线性代数	数据库	操作系统	大学英语	总分	排名
2063101	董力玮	100	100	99	100	95	494	1
2063106	刘彦宏	96	99	94	96	96	481	2
2063102	吴雨璇	99	85	95	99	85	463	3
2063110	赵昱旭	88	90	96	88	90	452	4
2063104	章天林	88	90	95	88	90	451	5
2063103	刘雨晨	96	80	85	96	88	445	6
2063107	郭昭辉	85	90	88	85	90	438	7
2063105	孙伊轩	85	85	90	85	85	430	8
2063112	王洋	80	88	86	80	88	422	9
2063108	杨正	70	86	86	86	86	414	10
2063109	张苗苗	66	86	83	66	86	387	11
2063111	霍家悦	55	60	70	55	60	300	12
		1008	1039	1067	1024	1039	5177	

图 4-63　求和结果

提示

如果某行或某列中含有空单元格，Word 2021 将不对这一整行或整列进行累计。要对整行或整列求和，必须在每个空单元格中输入零值。

制作一个简单的学生期末成绩表。

具体操作步骤如下：

（1）单击"插入"选项卡下"表格"组中的"表格"按钮，在下拉菜单的单元格选择板上选中 8 行 5 列的表格。

（2）单击"表设计"选项卡下"表格样式"组中的下拉菜单按钮，选择所需要的表格样式。

（3）选中"表设计"选项卡下"表格样式选项"组中的"标题行""第一列""汇总行""镶边行"。

（4）将光标置于表格第一行第一列，单击"表设计"选项卡下"边框"组中的对话框启动器，或单击鼠标右键，在弹出的快捷菜单中选择"表格属性"选项，打开"表格属性"对话框。然后单击"边框和底纹"按钮，打开"边框和底纹"对话框，选择"边框"选项卡后，在"预览"显示区中设置斜线表头，在"预览"显示区下方的"应用于"下拉列表中选择"单元格"，如图 4-64 所示。

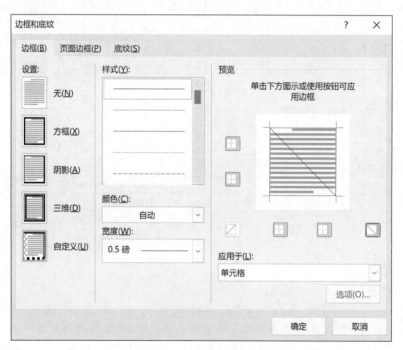

图 4-64　设置斜线表头

（5）单击"确定"按钮，退出该对话框，可以看到图 4-65 所示的空白表格。

（6）填入学生各科的分数，使所有数据左对齐。

（7）统计学生的总分。将光标置于各学生总分列所在单元格，单击"布局"选项卡下"数据"组中的"公式"按钮，打开"公式"对话框，在"公式"文本框中使用公式"=SUM（LEFT）"，单击"确定"按钮，计算结果如图 4-66 所示。

图 4-65　空白表格

姿名　　课程	语文	数学	英语	总分
赵六	95	82	89	266
李二	94	73	82	249
刘三	75	85	80	240
王一	63	89	77	229
孙五	68	78	74	220
张四	89	63	91	243

图 4-66　输入数据后求和

（8）按各学生的总分进行降序排序。选中"总分"列，单击"布局"选项卡下"数据"组中的"排序"按钮，打开"排序"对话框，选择主要关键字按"降序"排序，然后单击"确定"按钮。

至此，一个简单的学生期末成绩表格制作完成，如图 4-67 所示。

姿名　　课程	语文	数学	英语	总分
赵六	95	82	89	266
李二	94	73	82	249
张四	89	63	91	243
刘三	75	85	80	240
王一	63	89	77	229
孙五	68	78	74	220

图 4-67　学生期末成绩表

项目五
图形对象的编辑

图形作为信息的一种载体，比文字容量更大，更容易引起读者注意。Word 2021 中可以使用两种基本类型的图形来增强文档的效果：图形对象和图片。

下面解释一下本项目中经常提到的概念。

● 位图：由一系列小点组成的图片。直观地看，位图就是在一张布满方格的纸上填充其中的一些方格，以形成形状或线条。当存储为文件时，位图的扩展名通常为 .bmp。

● 艺术字：使用 Word 2021 提供的效果创建的文本对象，可以对其应用其他效果格式。

● 图形对象：可以绘制或插入的任何图形，并可对这些图形进行更改和完善。图形对象包括自选图形、图表、曲线、线条和艺术字等。

● 图片：可以取消组合并作为两个或多个对象操作的文件，也可以作为单个对象（如位图）的文件，包括扫描的图片、照片和剪贴画等。插入图片的文件格式常用的有 BMP、TIF、PSD、JPEG、GIF 等。

● 自选图形：一组由 Word 2021 设置的形状，包括矩形、圆等基本形状，以及各种线条和连接的箭头总汇、流程图、星与旗帜、标注等。

图 5-1 所示是利用位图、图形对象、文本框等元素制作的一张名片。可见，使用好这些元素，Word 2021 可以满足很多常用的办公需求。

图 5-1　名片效果

任务 1　插入图片

1. 能插入来自文件的图片。

2. 能直接从剪贴板中插入图片。

3. 能以对象的方式插入图片。

　　为了增强文档的可视性，向文档中插入图片是一项基本操作。Word 2021 提供了九种插入图片的方式，用户可以方便地在文本编辑中插入需要的图片。

插入文档中的图片来源有来自设备、图像集及联机图片等。使用"插入"选项卡下"插图"组中的"图片"按钮，可以方便地插入以上类型的图片。

1. 插入来自此设备的图片

在文档中插入来自此设备的图片的操作步骤如下：

（1）将插入点放置于要插入图片的位置。

（2）单击"插入"选项卡下"插图"组中的"图片"按钮，在弹出的下拉菜单中选择"此设备"，打开"插入图片"对话框，如图 5-2 所示。

图 5-2 "插入图片"对话框

（3）双击需要插入的图片，就可以将图片插入文档中指定的位置。

提示

在默认情况下，Word 2021 在文档中直接嵌入图片。但是如果插入的图片过多，会使文档变得过大。此时用户可以通过使用链接图片的方法来减小文档大小。操作方法是：在"插入图片"对话框中单击"插入"按钮右侧的下拉箭头，在弹出的下拉菜单中单击"链接到文件"选项即可。

2. 直接从剪贴板中插入图片

Word 2021 提供了从剪贴板中插入图片的功能，使图片的插入更加简单。打开"此电脑"中存储图片的文件夹，找到需要插入的图片，在图片上单击鼠标右键，在弹出的快捷菜单中选择"复制"选项，或直接使用 Ctrl+C 组合快捷键复制图片。回到文档中，将插入点定位在需要插入图片的位置，单击鼠标右键，在弹出的快捷菜单中选择"粘贴"选项或直接使用 Ctrl+V 组合快捷键，这样就可以很方便地将计算机中的图片粘贴到文档中了。

如图 5-3 所示，通过剪贴板可以将计算机中以文件形式存储的图片插入文档中。

图 5-3　通过剪贴板插入图片

3. 以对象的方式插入图片

Word 2021 提供了以对象的方式插入图片的方法，这种方法简单、直观，并且方便用户编辑。具体操作步骤如下：

（1）单击"插入"选项卡下"文本"组中的"对象"按钮，弹出图 5-4 所示的"对象"对话框，在"新建"选项卡中打开"对象类型"下拉列表，选择"Bitmap Image"选项，也可以单击"由文件创建"选项卡插入图片。

图 5-4　"对象"对话框

（2）此时屏幕变成图 5-5 所示的绘图画布，在这里，用户可以绘制任意图案，制作自己需要的插入对象。这个插入方法类似于在 Word 2021 文档中插入 Excel 图表，用户可以在 Word 2021 中编辑 Excel 图表，同样地，用户也可以在 Word 2021 中使用"绘图"功能编辑图形。

（3）绘制完成后，单击页面右侧空白处退出绘制，效果如图 5-6 所示。如果需要重新编辑该图形，只要双击该图形即可返回编辑页面。

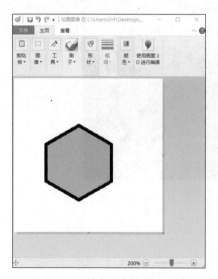

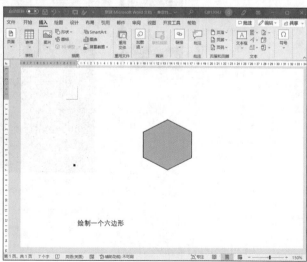

图 5-5　以对象的方式插入图片　　　　　　图 5-6　插入图片的效果

4. 插入来自图像集的图片

在文档中插入来自图像集图片的操作步骤如下：

（1）将插入点放置于要插入图片的位置。

（2）单击"插入"选项卡下"插图"组的"图片"按钮，在弹出的下拉菜单中选择"图像集"选项，打开"图像集"对话框，如图5-7所示。

图5-7　"图像集"对话框

（3）在搜索栏里搜索所需的图片，然后选中要插入的图片，单击"插入"按钮，就可以将图片插入到文档指定的位置，如图5-8所示。

图5-8　插入图片的效果

5. 插入联机图片

在文档中插入来自联机图片的操作步骤如下：

（1）将插入点放置于要插入图片的位置。

（2）单击"插入"选项卡下"插图"组中的"图片"按钮，在弹出的下拉菜单中选择"联机图片"选项，打开"联机图片"对话框，如图5-9所示。

图5-9 "联机图片"对话框

（3）在搜索栏里搜索所需的图片，然后选中要插入的图片，单击"插入"按钮，如图5-10所示，就可以将图片插入到文档指定的位置，如图5-11所示。

图5-10 选中要插入的图片

图 5-11　插入图片的效果

任务 2　设置图片或图形对象格式

1. 能设置图片或图形对象大小。
2. 能裁剪图片。
3. 能添加图片边框。
4. 能修改图片的样式、属性及环绕方式。

　　图片放置在文档中后，会存在这样或那样的问题，如图片大小、位置或文字环绕方式不合适等。本任务将以插入图片为例，来学习设置图片大小、文字环绕方式与格式等。

要修改图片的格式，需要选中该图片（在图片上单击），当图片周围出现控制点时即选中了图片。此时，功能区出现图 5-12 所示的"图片格式"选项卡，其中包含了图片处理的相应工具。

图 5-12 "图片格式"选项卡

1. 设置图片的大小

设置图片大小的方法如下：

（1）选中要设置大小的图片。

（2）将光标移动到图片任意一个角的尺寸控制点上，如右上角，可以看到鼠标指针变成"↗"空心的指针形状，按住鼠标左键沿箭头指示方向拖动尺寸控制点，向内拖动则按比例缩小图片，向外拖动则按比例放大图片。Word 2021 提供了实时预览功能，提示用户当前缩放的尺寸。图 5-13 所示为缩放图片。

（3）松开鼠标左键，图片就缩放到用户需要的大小。这样的缩放并不会更改图片文件的字节数，如果需要再放大图片，也不会因为缩放影响图片的显示质量。

用户也可以单击"图片格式"选项卡下"大小"组中"高度"按钮和"宽度"按钮右侧的微调框进行数值的设定。这样的设定比较精确，而且是按比例缩放的。

单击"图片格式"选项卡下"大小"组中的对话框启动器，可以打开图 5-14 所示的"布局"对话框。在该对话框中同样能设置图片的高度和宽度，还能设置缩放的比例。在"缩放"选项组中的"高度"和"宽度"微调框中输入所需要的百分比，可以按比例放大或缩小图片。取消选中"锁定纵横比"复选框，那么图片只按用户选择的高度或宽度比例缩放。用户可以尝试观察设置的效果。如果需要恢复图片原始大小重新进行设置，单击"重置"按钮即可。

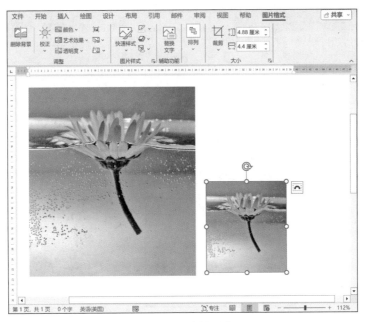

图 5-13　缩放图片

图 5-14　"布局"对话框

2. 裁剪图片

在很多情况下，用户可能只需要某张图片的一小部分，这样就需要对插入的图片进行裁剪。具体操作步骤如下：

（1）单击选取需要裁剪的图片。

（2）单击"图片格式"选项卡下"大小"组中的"裁剪"按钮，此时光标变为"⊹"形状，同时图片周围出现图 5-15 所示的裁剪标识。

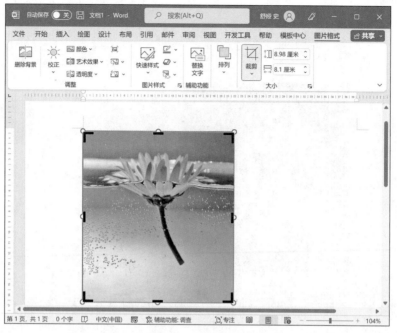

图 5-15　裁剪图片

（3）将鼠标指针移动到裁剪控制点上，鼠标指针根据所选择的裁剪控制点进行相应的操作。在图 5-15 中选择了右上角的控制点，当鼠标指针变成相应的形状后，按住鼠标左键向内拖动，系统提示当前选择的区域，放开鼠标左键，留下的就是方框圈出来的部分，这样就完成了图片的裁剪。

 提示

> 如果要同时相等地裁剪两边，可以在选中需要裁剪的某一边的控制点后，按住 Ctrl 键进行拖动；如果要同时相等地裁剪四边，可以在选中某一角的控制点后，按住 Ctrl 键进行拖动。

3. 为图片添加边框

用户可以为图形对象和图片添加边框，用更改或设置线条格式的方法来更改或设置对象的边框格式。

为图片添加边框的操作步骤如下：

（1）选中需要添加边框的图形对象。

（2）单击"图片格式"选项卡下"图片样式"组中的"图片边框"按钮，在弹出的下拉菜单中可以设置轮廓颜色、边框线型，还可以更改线条粗细，如图 5-16 所示。

图 5-16　添加图片边框

（3）将光标移动到所希望选择的边框线条颜色上时，系统将在文本编辑界面中显示预览。如需要更改线条粗细或虚实，可以选择"粗细"或"虚线"选项进行设置。

也可以在图片上单击鼠标右键，在弹出的快捷菜单中选择"设置图片格式"选项，打开"设置图片格式"任务窗格。选择"填充与线条"选项卡"🖌"，在"线条"中选中"实线"单选框，如图 5-17 所示。在下方可以精确设置线型的颜色、透明度、宽度、草绘样式、复合类型、短画线类型、线端类型及连接类型等。或者在"线条"中选中"渐变线"单选框，如图 5-18 所示。在下方可以精确设置预设渐变、类型、方向、角度、渐变光圈、颜色、位置、透明度、亮度、宽度、草绘样式、复合类型、短画线类型、线端类型及连接类型等。用户可以逐一尝试，观察设置后的效果。

4．修改图片的样式

Word 2021 提供了多种图片样式，通过该功能，用户可以非常容易地给图片加上各种效果，制作出精美的图片。

具体操作步骤如下：

（1）选中要修饰的图片。

（2）单击"图片格式"选项卡下"图片样式"组中的"图片效果"按钮，在弹出的下拉菜单中可以进一步设置图片的效果。当光标在这些效果上停留时，可以预览选择后的效果，如图 5-19 所示。

5．设置图片属性

"图片格式"选项卡下"调整"组中提供了可以对图片属性进行修改设置的工具，使用这些工具，可以对图片的亮度、对比度、色彩等进行简单设置。

图 5-17 设置"线条"为"实线"

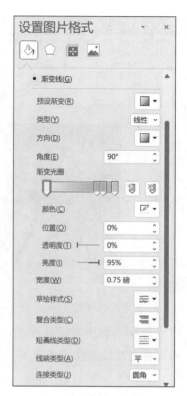

图 5-18 设置"线条"为"渐变线"

图 5-19 "图片效果"下拉菜单

"调整"组中各个按钮的功能如下：

● "颜色"按钮：主要用来控制图片的色彩，单击该按钮会弹出下拉菜单，如图 5-20 所示。当光标在下拉菜单中的选项上停留时，可以预览其效果。

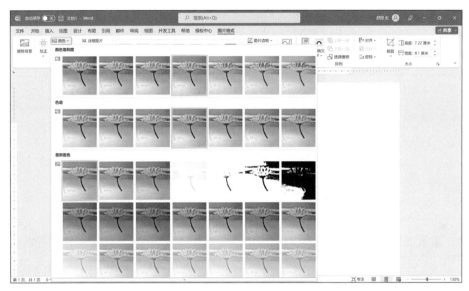

图 5-20 设置图片颜色

● "校正"按钮：用来锐化或柔化图片，提高或降低图片的亮度和对比度，单击该按钮，可弹出下拉菜单进行选择。当光标在选项上停留时，可预览其效果，如图 5-21 所示。

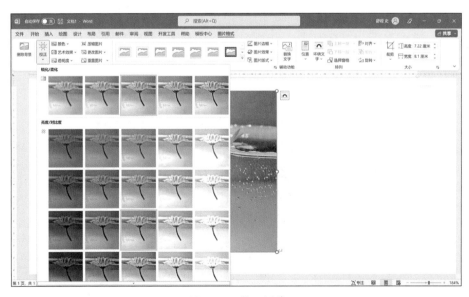

图 5-21 校正图片

● "压缩图片"按钮：用于压缩文档中的图片，以控制图片大小。单击该按钮，可以打开"压缩图片"对话框，如图 5-22 所示。如果仅需要对选中的图片进行压缩，则选中"仅应用于此图片"复选框。

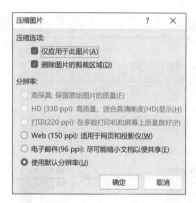

图 5-22 "压缩图片"对话框

● "重置图片"按钮：可以将图片的尺寸、颜色属性等恢复到未经任何修改的原始状态。

如果需要旋转图片，在选中图片后，将光标移动到灰色的旋转控制点上，光标会变为"○"形状，左右拖动光标，图片就会随着光标的移动，以旋转控制点为中心旋转，系统会显示旋转后的预览效果，旋转到合适的位置后放开鼠标，图片就停留在当前位置，如图 5-23 所示。

图 5-23 旋转图片

也可以单击"图片格式"选项卡下"排列"组中的"旋转"按钮，在打开的下拉菜单中根据需要选择旋转的角度。选择"其他旋转选项"选项可以打开"布局"对话框，在"大小"选项卡的"旋转"选项组中可以输入要旋转的任意角度值。

 提示

在使用鼠标旋转图片时按住 Shift 键，可以控制图片的旋转角度为 15° 的整数倍，如 30°、60°、90° 等。

6. 设置图片版式

图片默认以"嵌入"方式插入文档中，不能随意移动位置，也不能在周围环绕文字。为了更好地进行排版，需要更改图片的位置及其与文字之间的关系。

Word 2021 提供了不同的环绕类型，允许用户为不在绘图画布上的浮动图片或图形对象更改设置，但不能更改已在绘图画布上的对象的设置。具体操作步骤如下：

（1）单击选定图片或图形对象。

（2）单击"图片格式"选项卡下"排列"组中的"环绕文字"按钮，在弹出的下拉菜单中列出了几种常用的文字环绕方式：嵌入型、四周型、紧密型环绕、穿越型环绕、上下型环绕、衬于文字下方和浮于文字上方。用户可以根据需要进行选择，如选择"四周型"选项，效果如图 5-24 所示。

图 5-24　四周型环绕方式效果

如果需要其他文字环绕方式或者对图像与正文的距离进行更精确的设置，则单击"其他布局选项"选项，弹出图 5-25 所示的"布局"对话框，在"文字环绕"选项卡的"环绕方式"选项组选择合适的环绕方式，在"环绕文字"选项组中选择文字的位置，在"距正文"选项组的"上""下""左""右"文本框中输入文字与图片的精确距离。设置完成后，单击"确定"按钮关闭对话框。

图 5-25 "布局"对话框

提示

　　如果"布局"对话框的"位置"选项卡中的"水平""垂直"选项组和"文字环绕"选项卡中的各选项组为灰色（即不可用），可以设置图片为非嵌入型的环绕方式，这时所有的功能都会变为可用。

任务3　插入图标、3D 模型和屏幕截图

1. 能在 Word 2021 中插入图标。
2. 能在 Word 2021 中插入 3D 模型。
3. 能在 Word 2021 中插入屏幕截图。

在制作文档时，为了使文档更美观、生动，会将图标、3D 模型插入文档中。

在编写某些特殊文档如计算机软件操作步骤时，用户经常需要向文档中插入屏幕截图。Word 2021 提供了屏幕截图功能，用户在编写文档时，可以直接截取程序窗口或者屏幕上某个区域的图像。

本任务主要学习如何在文档中插入图标、3D 模型和屏幕截图并进行编辑。

单击"插入"选项卡下"插图"组中的"图标"按钮" "，可以插入图标。

单击"插入"选项卡下"插图"组中的"3D 模型"按钮" "，可以插入 3D 模型。插入 3D 模型的方式有两种，一种是插入本地存储的 3D 模型，另一种是插入联机 3D 模型。

单击"插入"选项卡下"插图"组中的"屏幕截图"按钮" "，可以插入屏幕截图。插入屏幕截图的方式有两种：可用的视窗和屏幕剪辑。

1. 插入图标

插入图标的操作步骤如下：

（1）将插入点定位至需要插入图标的位置，单击"插入"选项卡下"插图"组中的"图标"按钮，如图 5-26 所示。

图 5-26　单击"图标"按钮

（2）打开"图像集"对话框，可以看到 Word 2021 为用户提供了丰富的图标库。用户可以根据需要，在下方的搜索栏进行搜索，如"运动"，然后在下方的图标内选择所需图标，单击"插入"按钮，如图 5-27 所示。

图 5-27　插入图标

（3）返回 Word 文档，即可看到选中的图标已被插入到 Word 文档中，如图 5-28 所示。

2. 插入 3D 模型

插入 3D 模型的操作步骤如下：

（1）将插入点定位至需要插入 3D 模型的位置，单击"插入"选项卡下"插图"组中的"3D 模型"按钮，如图 5-29 所示。

（2）打开联机 3D 模型库，注意此项功能必须连接网络才能使用，如图 5-30 所示。

图 5-28　插入图标效果

"3D模型"按钮

图 5-29　单击"3D 模型"按钮

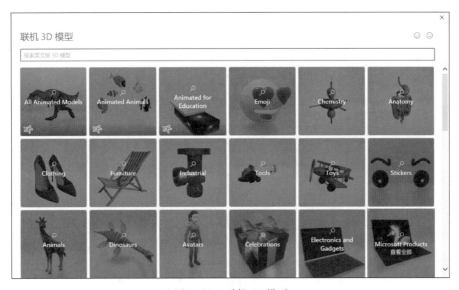

图 5-30　联机 3D 模型

（3）单击选中某个 3D 模型，也可以同时选择多个 3D 模型，然后单击"插入"按钮，如图 5-31 所示。

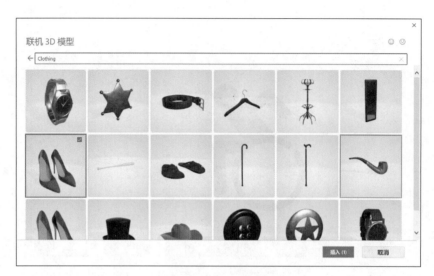

图 5-31　插入 3D 模型

（4）返回 Word 文档，即可看到选中的 3D 模型已被插入到 Word 文档中，如图 5-32 所示。

图 5-32　3D 模型插入效果

3. 插入屏幕截图

插入屏幕截图的操作步骤如下：

（1）将插入点定位至需要插入屏幕截图的位置，单击"插入"选项卡下"插图"组中的"屏幕截图"按钮，如图5-33所示。

图 5-33 单击"屏幕截图"按钮

（2）可以直接选用系统提供的"可用的视窗"。如需截取程序窗口或者屏幕上某个区域的图像，可以选择"屏幕剪辑"选项，这样系统屏幕就会变成白色，按住鼠标左键即可进行截图，如图5-34所示。

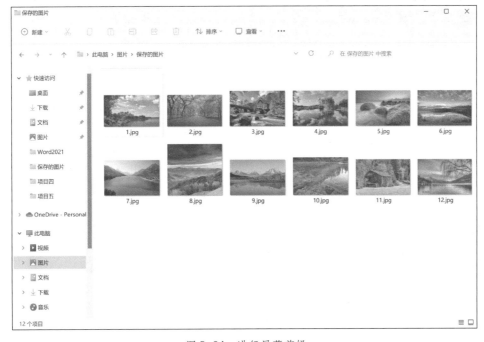

图 5-34 进行屏幕剪辑

（3）释放鼠标左键，屏幕截图即可被直接粘贴到 Word 文档中，如图 5-35 所示。

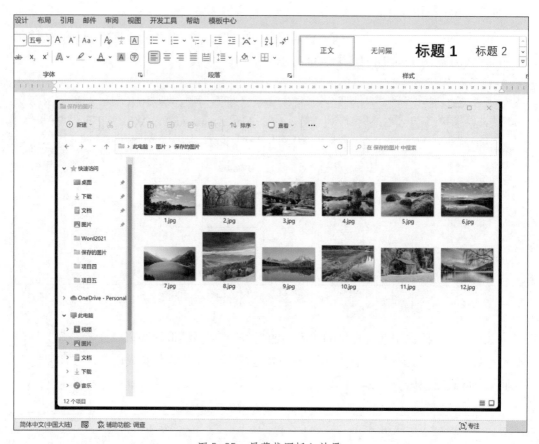

图 5-35　屏幕截图插入效果

任务 4　插入艺术字

1. 能插入艺术字。
2. 能设置艺术字的形状和样式。

艺术字是指使用现成效果创建的文本对象。在制作文档时，为了使文档更美观，用户会经常使用艺术字。本任务将学习在文档中插入艺术字并进行编辑。图 5-36 所示就是经过编辑的艺术字效果。

图 5-36 经过编辑的艺术字效果

单击"插入"选项卡下"文本"组中的"艺术字"按钮" <u>A 艺术字 ∨</u> "，可以插入装饰文字。用户可以创建带阴影、扭曲、旋转或拉伸的文字，也可以按预定义的形状创建文字。

1. 插入艺术字

插入艺术字的操作步骤如下：

（1）打开 Word 2021 文档窗口，将光标定位在准备插入艺术字的位置。

（2）单击"插入"选项卡下"文本"组中的"艺术字"按钮，弹出图 5-37 所示的下拉菜单，可在打开的艺术字预设样式面板中选择合适的艺术字样式。

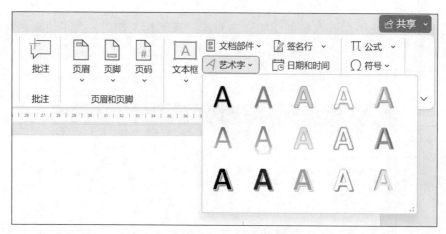

图 5-37 "艺术字"下拉菜单

（3）单击所需要的艺术字样式，打开艺术字文字编辑框，输入"我的简历"四个字。

（4）在文本编辑界面可以看到输入的文字已经以艺术字的方式显示出来了。如需要更改艺术字字体格式，需要选择更改的艺术字对象，在"开始"选项卡下"字体"组中对艺术字的字体和大小进行设置，如图 5-38 所示。

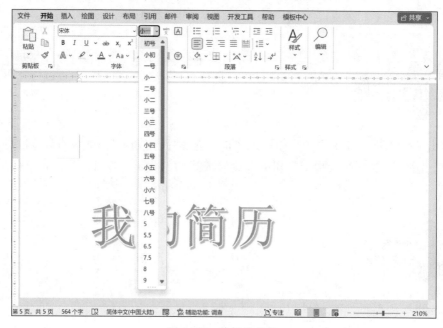

图 5-38 编辑艺术字

2. 设置艺术字的形状和样式

（1）设置艺术字的形状

Word 2021 中提供了大量预定义的艺术字形状供用户使用。设置艺术字形状的具体操作步骤如下：

1）选中需设置形状的艺术字，使其处于编辑状态，此时会出现"形状格式"选项卡，如图 5-39 所示。

图 5-39　"形状格式"选项卡

2）单击"艺术字样式"组中的"文字效果"按钮，在弹出的下拉菜单中选择"转换"选项，弹出图 5-40 所示的下拉菜单，其中显示了预定义的形状。将光标停留在这些选项上时可以预览选择效果。选择其中一项即可应用该效果。

图 5-40　艺术字的效果

艺术字可以像图片一样旋转与缩放，拖动艺术字上方的旋转控制点，可以旋转艺术字；拖动艺术字周围的控制点，可以修改艺术字的大小，如图 5-41 所示。

图 5-41　艺术字的控制点

 提示

　　如果艺术字周围没有出现图 5-41 所示的控制点，则需要更改艺术字的环绕方式，具体修改方式与修改图片的环绕方式类似：单击"形状格式"选项卡下"排列"组中的"环绕文字"按钮即可选择各种环绕方式。

　　插入艺术字后，还可以为艺术字选择各种风格，并根据需要对艺术字进行设置或重新调整。

　　（2）设计艺术字的样式

　　设计艺术字样式的操作步骤如下：

　　1）选中要设计的艺术字。

　　2）单击"形状格式"选项卡下"艺术字样式"组中的"文字效果"按钮，从弹出的下拉菜单中选择合适的样式即可。

　　也可以为艺术字设置阴影和三维效果。具体操作步骤如下：

　　1）选中艺术字后，单击"形状格式"选项卡下"艺术字样式"组中的"文字效果"中的"阴影"按钮，弹出图 5-42 所示的下拉菜单，当光标在各选项上停留时，可以在文本编辑界面中观察到艺术字的预览效果。单击选中需要的阴影样式，即可完成艺术字的阴影设置。

　　2）单击"形状格式"选项卡下"艺术字样式"组中的"文字效果"中的"三维旋转"按钮，打开图 5-43 所示的下拉菜单，从中选择需要的三维样式。当光标在各选项上停留时，可以在文本编辑界面中预览效果。单击选中需要的三维效果，即可完成艺术字三维效果的设置。

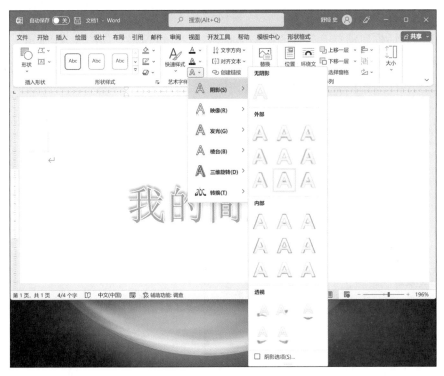

图 5-42　设置阴影效果

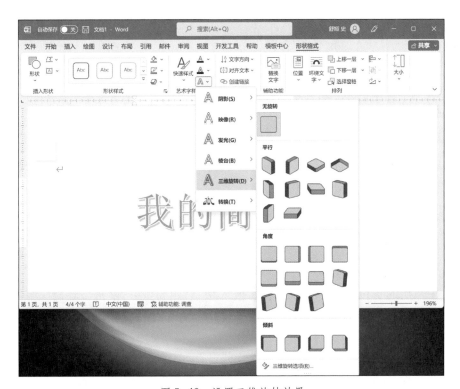

图 5-43　设置三维旋转效果

还可以使用"设置形状格式"任务窗格对艺术字进行设置与调整，单击"艺术字样式"组的对话框启动器，打开"设置形状格式"任务窗格，如图 5-44 所示。

在"三维格式"中可以对顶部棱台、底部棱台、深度、曲面图、材料和光源进行详细设置，以实现用户需求，如图 5-45 所示。

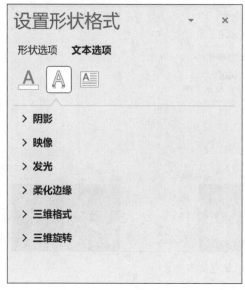

图 5-44　设置形状格式

图 5-45　设置三维格式

在对艺术字进行编辑时，有时还需要设置艺术字的环绕方式，具体操作步骤如下：

方法一：

1）打开 Word 2021 文档页面，选中想要设置文字环绕方式的艺术字。

2）单击"形状格式"选项卡下"排列"组中的"位置"按钮。

3）在列表中选择符合实际需要的文字环绕方式即可，如"顶端居左，四周型文字环绕""顶端居中，四周型文字环绕"等。

方法二：

1）打开 Word 2021 文档页面，选中想要设置文字环绕方式的艺术字。

2）单击"形状格式"选项卡下"排列"组中的"环绕文字"按钮。

3）在弹出的下拉菜单中可以选择"嵌入型""四周型""紧密型环绕""穿越型环绕""上下型环绕""衬于文字下方""浮于文字上方""编辑环绕顶点"和"其他布局选项"等来设置艺术字的环绕方式。

与普通文本类似，Word 2021 也可以设置艺术字的对齐方式，如左对齐、水平居中、右对齐等。

在选中艺术字后，单击"形状格式"选项卡下"排列"组中的"对齐"按钮，打开图 5-46 所示的艺术字对齐方式的下拉菜单。在该下拉菜单中选择需要的选项即可。

图 5-46　设置艺术字的对齐方式

"对齐"按钮下拉菜单中各选项的含义如下：

● 左对齐：将所选艺术字的文字向左对齐。

● 水平居中：将所选艺术字的文字居中放置。

● 右对齐：将所选艺术字的文字向右对齐。

● 顶端对齐：将所选艺术字的文字顶部对齐。

● 垂直居中：将所选艺术字的文字中部对齐。

● 底端对齐：将所选艺术字的文字底部对齐。

● 横向分布：将所选艺术字的文字水平居中。

● 纵向分布：将所选艺术字的文字垂直居中。

出于排版的需要，用户可能会对艺术字进行竖排。具体操作步骤如下：

1）选中需要处理的艺术字。

2）单击"形状格式"选项卡下"文本"组中的"文字方向"按钮，在弹出的下拉菜单中选择"垂直"选项即可。

提示

这里的艺术字竖排效果和艺术字旋转效果是有区别的。如果需要进行艺术字的旋转，可以单击"形状格式"选项卡下"排列"组中的"旋转"按钮，在弹出的下拉菜单中选择"其他旋转选项"选项，打开"布局"对话框，通过"大小"选项卡下"旋转"选项组的"旋转"微调框进行设置。

任务 5　插入 SmartArt 图形

学习目标

1. 能插入 SmartArt 图形。
2. 能对插入的 SmartArt 图形进行修改。

任务描述

SmartArt 图形是信息和观点的视觉表示形式，并能使文档更加生动。Word 2021 支持的 SmartArt 图形包括列表、流程图、层次结构图等。本任务将学习插入和编辑图 5-47 所示的 SmartArt 图形。

图 5-47　SmartArt 图形

相关知识

单击"插入"选项卡下"插图"组中的"SmartArt"按钮，弹出"选择 SmartArt 图形"对话框。在该对话框中有多种类型的 SmartArt 图形可供用户选择，分别为"列表""流程""循环""层次结构""关系""矩阵""棱锥图"和"图片"，如图 5-48 所示。

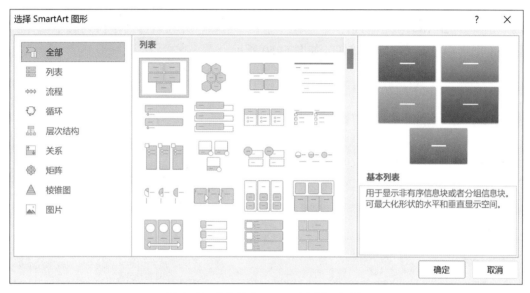

图 5-48　"选择 SmartArt 图形"对话框

当用户添加或更改一个 SmartArt 图形时，Word 2021 将自动打开"SmartArt 设计"选项卡和"格式"选项卡，如图 5-49 所示。

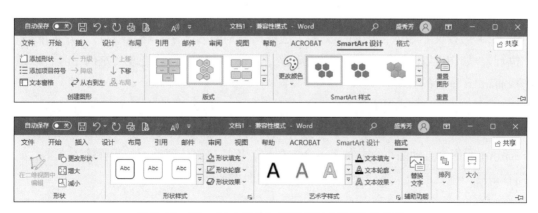

图 5-49　"SmartArt 设计"选项卡和"格式"选项卡

用户可以使用预设的样式为整个图表设置格式，或者使用与设置形状格式相类似的方式，如添加颜色和文字，更改线条和样式，添加填充、纹理和背景等，来设置某些部分的格式。例如，制作一个完整的流程图，具体操作步骤如下：

（1）单击"插入"选项卡下"插图"组中的"SmartArt"按钮，弹出图 5-48 所示的"选择 SmartArt 图形"对话框，选择"流程"选项，并在右侧的下拉列表中选择所需要的图形后单击"确定"按钮，如图 5-50 所示。

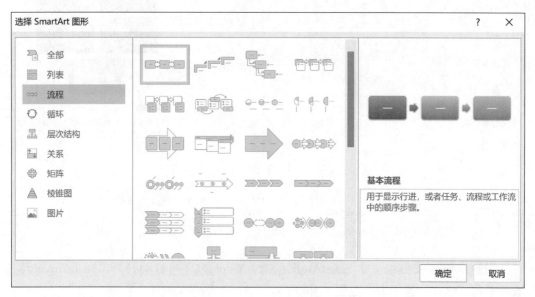

图 5-50 "选择 SmartArt 图形"对话框

（2）选择文本输入框中的"文本"选项，分别输入文字"确立项目""方案策划""执行"，如图 5-51 所示。随着文本的输入，Word 2021 会自动更改文本的字号，以适应 SmartArt 图形的大小。

（3）如需要增加流程项，在最后一项上单击鼠标右键，在弹出的快捷菜单中选择"添加形状"选项，在子菜单中选择"在后面添加形状"选项，如图 5-52 所示。SmartArt 图形会自动缩小，并加入一个空白项，用户可以依照前面的步骤输入文本。如需在最后一项之前插入流程项，则选择"在前面添加形状"选项。

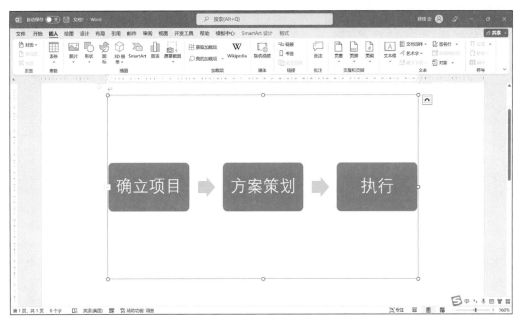

图 5-51　添加文本

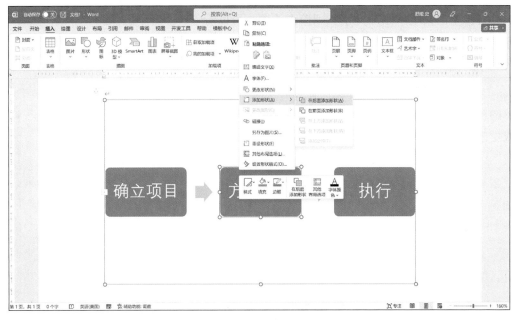

图 5-52　增加流程项

（4）用户可以根据自己的需要，设置流程项的形状。在需要更改的选项上单击鼠标右键，在弹出的快捷菜单中选择"更改形状"选项，并在子菜单中选择所需要的形状即可。如将"执行"流程项更改为椭圆形，只要选择下拉菜单中的椭圆形即可，如图 5-53 所示。

图 5-53　修改流程项形状

（5）要向某项中添加文字，则单击该项，可以看到光标在文本中出现，此时是编辑状态，用户可以进行文字的编辑，但无法为连接项"➡"添加文字。

（6）用户还可以根据自己的需要，在图 5-53 所示的快捷菜单中快速选择，修改流程项中文本的字体或更改填充颜色等。单击"格式"选项卡下"形状样式"组中的对话框启动器，打开"设置形状格式"任务窗格，也能对 SmartArt 图形进行相应的修改，如图 5-54 所示。

"设置形状格式"任务窗格中包括"形状选项"和"文本选项"两大类，用户根据需要进行设置即可，使用方法这里不再赘述。

（7）编辑完毕，单击 SmartArt 图形以外的空白处即可完成修改。

图 5-54　"设置形状格式"任务窗格

任务6　插入图表

学习目标

能插入并修改图表。

任务描述

图表可以以图形的方式直观地反映数据，比单纯的数据表格更方便用户分析与对比。本任务学习插入图 5–55 所示的柱形图表。

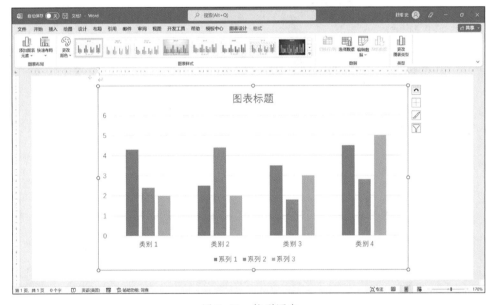

图 5–55　柱形图表

相关知识

Word 2021 提供的图表类型有多种，如折线图、柱形图、饼图等，这些图表能直观地反映各类数据之间的对比，美化了文档。使用"插入"选项卡下"插图"组中的"图表"按钮，可以轻松地插入各种图表。

插入图表的具体操作步骤如下：

（1）将插入点定位在需要插入图表的位置。

（2）单击"插入"选项卡下"插图"组中的"图表"按钮，打开图 5-56 所示的"插入图表"对话框。

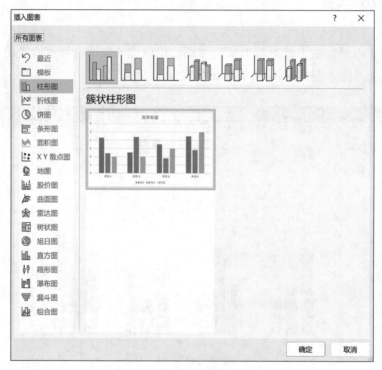

图 5-56 "插入图表"对话框

（3）在"插入图表"对话框中有多种图表模板可供选择，单击左侧的模板选项，在右侧的列表中会显示相应的模板。单击选中的模板后再单击"确定"按钮，程序会自动打开 Excel 表格，显示图表的数据源。例如，选择"柱形图"后，图表编辑界面如图 5-57 所示。

（4）在 Excel 表格中输入数据，图表会自动根据数据源中的数据内容生成柱形图，如图 5-58 所示。

在文档中插入图表后，功能区中会自动增加"图表设计"选项卡和"格式"选项卡，如图 5-59 所示。

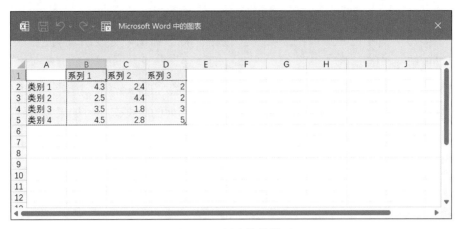

图 5-57　图表编辑界面

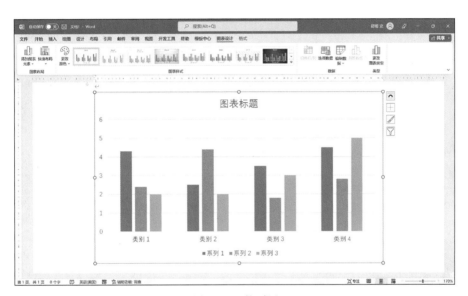

图 5-58　柱形图

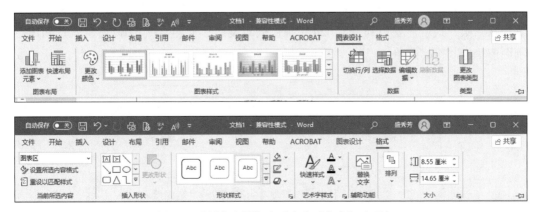

图 5-59　"图表设计"选项卡和"格式"选项卡

（5）如果需要更改图表类型，如将柱形图改为折线图，可以单击"图表设计"选项卡下"类型"组中的"更改图表类型"按钮，将会弹出"更改图表类型"对话框，用户可以重新选择图表类型。

（6）单击"图表设计"选项卡下"数据"组中的"选择数据"按钮，可以查看相关联的数据；单击"切换行/列"按钮，可以将行和列的数据交换。如果需要修改图表中对应的数据，可以单击"编辑数据"按钮。

在"图表布局"组中还可以对图表标题、坐标轴标题等进行详细设置，使用方法非常简单，用户可以逐一尝试，这里不再赘述。

任务 7　绘制与编辑图形

学习目标

能绘制并编辑图形。

任务描述

在 Word 中经常会用到一些图形来更好地说明问题，或进行重点标注，如传单上的爆炸状图案，这就需要用到 Word 2021 提供的绘制图形功能。图 5-60 所示就是利用绘制图形功能制作的简单流程图。

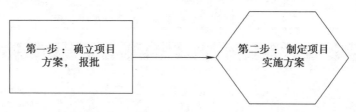

图 5-60　利用绘制图形功能制作的简单流程图

单击"插入"选项卡下"插图"组中的"形状"按钮，在弹出的下拉菜单中选择需要的形状，可以方便地绘制一些由线条组成的图形，如图 5-61 所示。

在 Word 2021 中绘图时，在默认情况下，图形四周会显示一个绘图画布，用来帮助用户安排和重新定义图形对象的大小。打开绘图画布的方法是在图 5-61 所示的菜单上选择"新建画布"选项，将画布插入文档中，如图 5-62 所示。这时，在功能区中还会自动增加"形状格式"选项卡。

如果需要改变画布的大小，可以将光标移动到画布边框的控制点上，按住鼠标左键向内外拖动即可。

打开画布就可以在画布上绘制自选图形了。在"形状"下拉菜单中可以看到，有八种类型的图形：线条、矩形、基本形状、箭头总汇、公式形状、流程图、星与旗帜、标注。利用这些图形，用户可以很方便地制作所需要的图案。

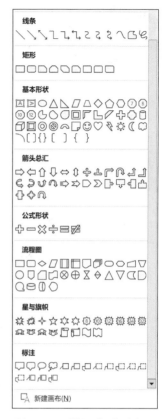

图 5-61 "插入"选项卡下
"形状"下拉菜单

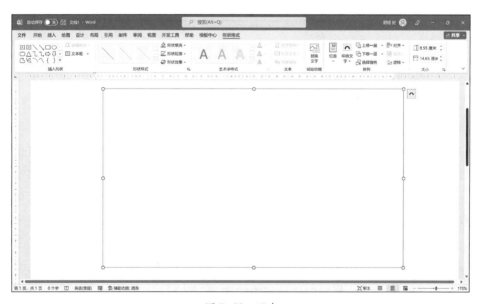

图 5-62 画布

以绘制图 5-60 所示流程图为例，具体操作步骤如下：

（1）在"形状"下拉菜单中选择"矩形"里的"▢"，这时光标变为"✚"形状，按住鼠标左键在绘图画布中拖动，随着光标的移动，一个矩形就会出现在绘图画布上，放开鼠标左键，这个矩形就绘制完成了，如图 5-63 所示。单击这个矩形，在它周围出现 8 个控制点，通过控制点可以对其进行旋转、缩放等操作。

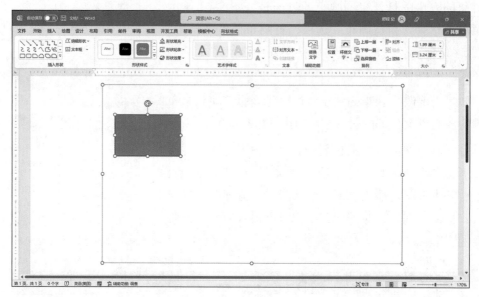

图 5-63　绘制图形

（2）在"形状"下拉菜单中选择"线条"里的线条样式，如直线、直线箭头、双箭头直线等，在文档中需要插入线条的位置单击鼠标左键进行绘制，再单击任意位置，可绘制出两点之间的线条，如图 5-64 所示。

（3）将光标移动到线条一端的控制点上时，按住鼠标左键进行拖动，可以延长或缩短线条的长短。如果需要调整线条或形状的位置，在选中形状后，将光标移动到形状上，当光标变成"✛"形状时，按住鼠标左键，将形状移动到希望的位置即可。要微调线条或形状的位置，可以在选中形状后，使用键盘上的↑、↓、→、←键来移动形状。

（4）用步骤（1）的方法绘制一个六边形，与线条另一端相连接。在形状上单击鼠标右键，在弹出的快捷菜单中选择"添加文字"选项，在形状内分别输入文字，如图 5-65 所示。

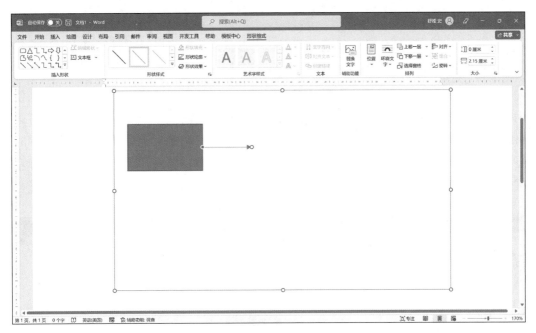

图 5-64　绘制线条

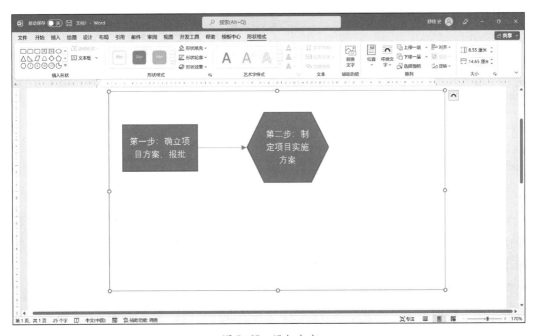

图 5-65　添加文字

（5）如果添加的文字太多，会被覆盖一部分，此时可以按住形状四周的控制点拖动鼠标左键放大形状，使形状与文字达到适当比例。

说明：不能在线条上添加文字，使用文本框可以在这些绘图对象附近或上方放置文字。

（6）单击形状的边框（或线条）可以选中形状，此时可以对它进行填充、更改线条颜色或线型等操作，单击 Delete 键可以删除形状。

（7）选中形状后可以将几个形状组合在一起，以便能够像使用一个对象一样来使用它们，如图 5-66 所示。Word 2021 提供了组合对象的功能，使用该功能，用户可以将组合中的所有对象作为一个单元来进行翻转、旋转、调整大小等操作，还可以同时更改组合中所有对象的属性。按住 Ctrl 键或 Shift 键选取需要的形状，或者按住鼠标左键拖动光标可以框选所有形状。

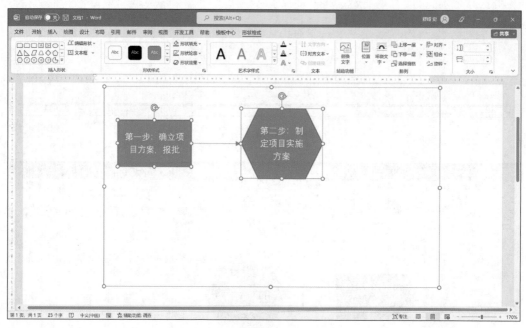

图 5-66　选中形状

（8）单击"形状格式"选项卡下"排列"组中的"组合"按钮，在弹出的下拉菜单中选择"组合"选项，或者单击鼠标右键，在弹出的快捷菜单中选择"组合"子菜单中的"组合"选项，如图 5-67 所示。

（9）同样地，选择"组合"下拉菜单中的"取消组合"选项，或单击鼠标右键，在弹出的下拉菜单中的"组合"子菜单中选择"取消组合"选项都可以取消组合。如果需要在组合中选择任意一个对象，单击该对象即可。

（10）Word 2021 还允许用户对插入文档中的图形对象进行翻转和任意角度的旋转。可以直接使用鼠标对图形对象进行拉动以实现翻转或旋转，也可以通过设置图形对象格式来进行精确旋转。

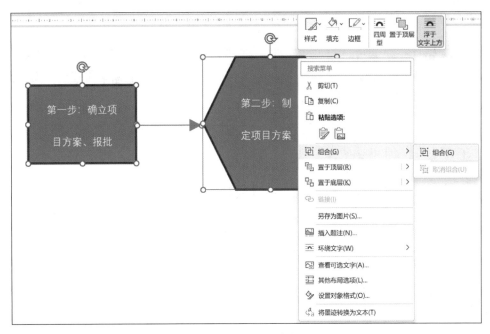

图 5-67　组合形状

任务 8　使用文本框

1. 能插入文本框。
2. 能设置文本框格式。
3. 能设置文本框链接。

　　文本框是一种可移动、可调大小的文字或图形"容器"，使用文本框可以在一页上放置多个文字块。图 5-68 所示为三个形成链接的文本框。本任务将学习插入文本框并对其进行设置。

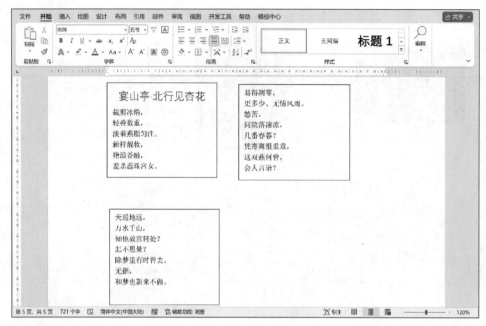

图 5-68　三个形成链接的文本框

文本框可以放置在文档中的任意位置，也可以在其中插入图像。在文本框中，可以像处理一个新页面一样来处理文本框中的文字，例如，设置文字的方向、格式化文字、设置段落格式等。

文本框有两种形式，一种是横排文本框，另一种是竖排文本框，它们没有本质上的区别，只是文本方向不一样而已。

1. 插入文本框

在文档中插入文本框的具体操作步骤如下：

（1）单击"插入"选项卡下"文本"组中的"文本框"按钮，弹出图 5-69 所示的下拉菜单。

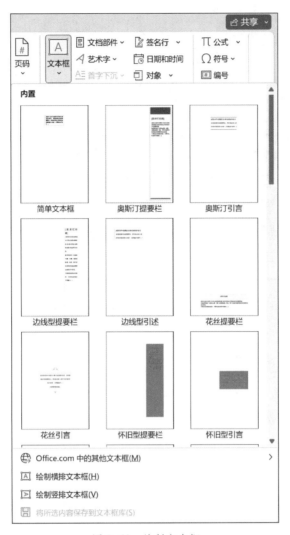

图 5-69 绘制文本框

（2）下拉菜单中提供了很多种系统内置的文本框，光标在各选项上停留可以查看简单说明。单击所需的选项，就可以看到文本编辑界面上出现了对应的文本框。

（3）选择"绘制横排文本框"选项可以根据需要绘制横向文本框，选择"绘制竖排文本框"选项可以绘制竖排文本框。选中"简单文本框"即可绘制出一个最简单的文本框，如图 5-70 所示。

（4）在文本框中可以输入文字或插入图片，并进行排版设置。单击"形状格式"选项卡下"文本"组中的"文字方向"按钮，可以使文字方向在横、纵之间切换。

移动文本框的方法与移动其他图形图片一样，将光标放置在文本框边缘，看到光标变为"￼"形状，按住鼠标左键，将文本框拖动到需要的位置后放开鼠标左键即可。也可以利用键盘上的↑、↓、→、←键对文本框的位置进行微调。

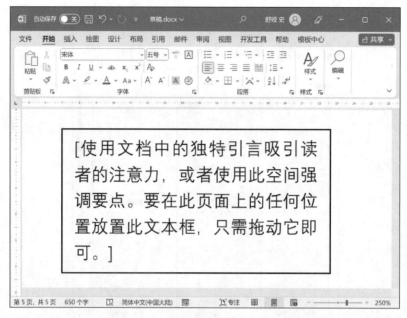

图 5-70　绘制简单文本框

2. 设置文本框的格式

用户可以根据需要，设置文本框的样式、文字环绕方式和大小等。

在"形状格式"选项卡中可以看到"形状样式"组，其中列出了 Word 2021 预置的一些文本框线条和填充色，单击"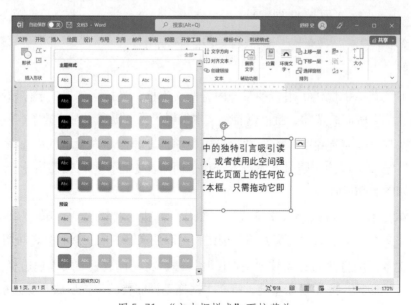"按钮可以打开文本框样式下拉菜单，如图 5-71 所示。当光标在这些选项上停留时，可以在文本编辑界面预览选项效果。

图 5-71　"文本框样式"下拉菜单

菜单中显示了预置的一些边框和填充色，如果用户需要进行个性化设置，可以使用"形状填充""形状轮廓""形状效果"三个按钮进行设置。

● 单击"形状填充"按钮，不但可以选择更多的填充颜色，还可以选择"渐变""纹理""图片"等填充方法，使文本框的填充图案更加多样化。

● 单击"形状轮廓"按钮，可以为文本框选择不同粗细、不同样式的边框。

● 单击"形状效果"按钮，可以设置文本框的形状效果，如阴影、映像、发光、棱台等。

如果还需要进一步设置，可以在选中需要设置线条和颜色的文本框后，单击"形状格式"选项卡下"形状样式"组的对话框启动器，打开图 5-72 所示的"设置形状格式"任务窗格，在"填充与线条"选项卡下进行设置。

图 5-72　"设置形状格式"任务窗格

在选中了需要设置大小的文本框后，可以看到文本框周围出现了 8 个控制点，拖动四角的控制点可以按比例扩大或缩小文本框，拖动四边的控制点可以向某个方向扩大或缩小文本框。但这种方法不能精确设置文本框的大小。

如果需要精确设置文本框大小，可以在"形状格式"选项卡下"大小"组中进行"高度"与"宽度"的设置，也可以单击"大小"组的对话框启动器，打开"布局"对话框，选中"大小"选项卡，在"高度"选项组和"宽度"选项组下选择"绝对值"选项，然后设置需要的文本框高度、宽度的精确数值。

改变"相对值"选项，或在"缩放"选项组下的"高度"与"宽度"框中可以设置缩放的比例。如果需要在缩放时保证高度与宽度的比例，可以选中"锁定纵横比"复选框，如图 5-73 所示。

图 5-73　设置文本框大小

提示

如果文本框中的内容超过文本框的容量，文本框将按原有宽度自动向下增加高度。

3. 创建文本框的链接

一个长的文本不但可以被分别放置到多个文本框中，而且可以使文本在各个文本框中随更改而"流动"，这就是文本框的链接，它使文档中的多个文本框里的文字可以被传递。创建文本框链接的具体操作步骤如下：

（1）创建文本框后选中第一个文本框，单击"形状格式"选项卡下"文本"组中的"创建链接"按钮，光标变为"🖐"形状，可以理解为一个杯子里盛满水，需要倒入另一个容器。

（2）将光标移动到需要链接的文本框上，光标变为"🖐"的倾斜形状，此时可以理解为容器里的水要被倒入另一个容器里，单击鼠标左键即可。

（3）如果还需要链接其他文本框，对步骤（2）中的操作对象文本框重复操作步骤（1）、步骤（2）即可。

（4）在第一个文本框中粘贴文字，如果该文本框已满，文字将自动排入已经链接的文本框中，如图5-68所示。

创建的链接文本框与其他文本框一样，可以进行格式的设置、位置的移动等。

提示

> 如果单击"创建链接"按钮后，不想再链接下一个文本框，可以按Esc键取消链接操作。另外，可以使用圆形、旗帜、流程图形状及其他的自选图形作为放置文字部分的"容器"。

如果需要复制文本框，在选中文本框后单击"开始"选项卡下"剪贴板"组中的"复制"或"剪切"按钮，到需要的位置后粘贴，即可完成对整个文本框的复制。对于没有创建链接的文本框，此时文本框中的内容也会被一并复制过去。但是，对于创建了链接的文本框，内容则无法复制。

对文本框创建链接后，如果需要断开文本框的链接，只要单击需要断开链接的文本框后，再单击"形状格式"选项卡下"文本"组中的"断开链接"按钮即可。

提示

> 断开文本框的链接后，文字会在位于断点前的最后一个文本框后截止，不再排至下一个文本框。所有后续链接文本框将变为空白。

制作图5-74所示的邀请函。

图 5-74 邀请函

具体操作步骤如下：

（1）新建空白文档，插入要作为邀请函背景的图片，调整其大小，使之满版排布后将其设置为"衬于文字下方"。

（2）插入标志图片，调整大小后将其置于文档下方。

（3）新建文本框，调整大小后将其靠右上部放置，设置"形状轮廓"为"无轮廓"，设置填充色为红色并输入文字，调整字形、字号，设置文字颜色为白色。

（4）参考步骤（3），建立新的文本框，输入文字并进行相应设置。

项目六
文档的排版、保护、转换与打印

在实际工作中，用户可以根据需要对文档进行个性化设置，如为不同的章节设置不同的页眉、页脚或不同的版式。文档页面的设置会影响整个文档的全局样式，用户可以使用 Word 2021 编排出清晰、美观的文档画面。

任务 1　设置页眉、页脚和页码

1. 能设置页眉和页脚。
2. 能设置页码。
3. 能删除页眉、页脚和页码。

页眉和页脚通常用于显示文档的附加信息，如页码、日期、作者名称、单位名称、徽标或章节名称等文字或图形。本任务将学习给文档添加页眉、页脚和页码。

图 6-1 所示为加上页眉、页脚和页码的文档。

朱自清文集

匆匆

作者：朱自清

燕子去了，有再来的时候；杨柳枯了，有再青的时候；桃花谢了，有再开的时候。但是，聪明的，你告诉我，我们的日子为什么一去不复返呢？——是有人偷了他们吧：那是谁？又藏在何处呢？是他们自己逃走了吧：现在又到了哪里呢？

我不知道他们给了我多少日子，但我的手确乎是渐渐空虚了。在默默里算着，八千多日子已经从我手中溜去，像针尖上一滴水滴在大海里，我的日子滴在时间的流里，没有声音，也没有影子。我不禁头涔涔而泪潸潸了。

去的尽管去了，来的尽管来着，去来的中间，又怎样地匆匆呢？早上我起来的时候，小屋里射进两三方斜斜的太阳。太阳他有脚啊，轻轻悄悄地挪移了，我也茫茫然跟着旋转。于是——洗手的时候，日子从水盆里过去；吃饭的时候，日子从饭碗里过去；默默时，便从凝然的双眼前过去；我觉察他去的匆匆了，伸出手遮挽时，他又从遮挽着的手边过去；天黑时，我躺在床上，他便伶伶俐俐地从我身上跨过，从我脚边飞去了；等我睁开眼和太阳再见，这算又溜走了一日；我掩着面叹息，但是新来的日子的影儿又开始在叹息里闪过了。

在逃去如飞的日子里，在千门万户的世界里的我能做什么呢？只有徘徊罢了，只有匆匆罢了。在八千多日的匆匆里，除徘徊外，又剩些什么呢？过去的日子如轻烟，被微风吹散了，如薄雾，被初阳蒸融了。我留着些什么痕迹呢？我何曾留着像游丝样的痕迹呢？我赤裸裸

1

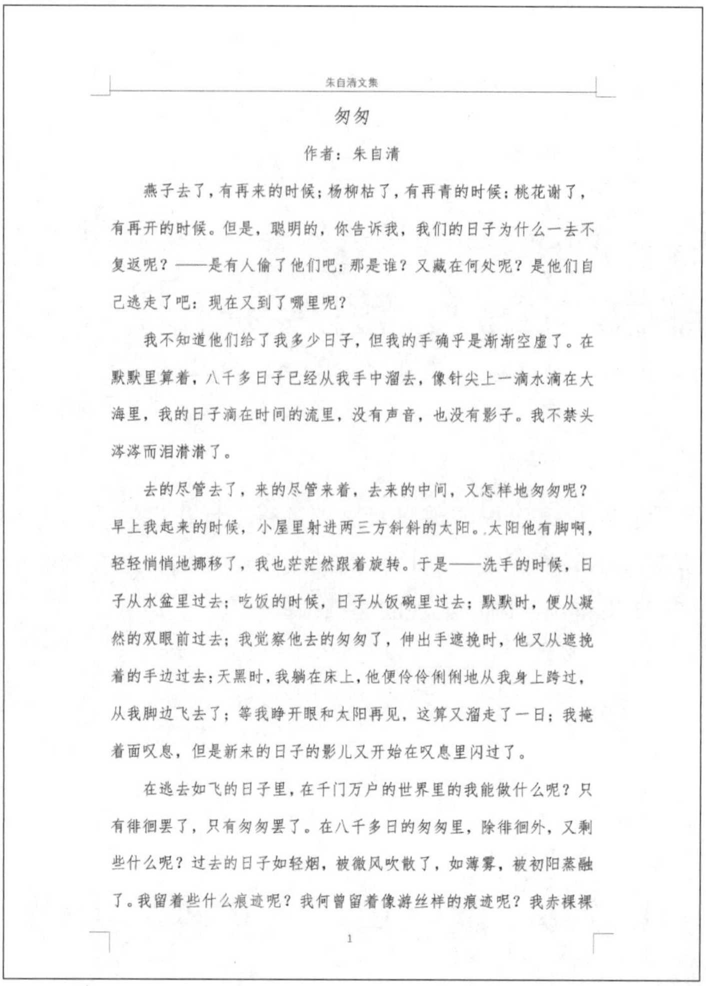

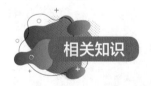

图 6-1　加上了页眉、页脚和页码的文档

相关知识

页眉位于页面的顶部，页脚位于页面的底部。Word 2021 可以给文档的每一页建立相同的页眉和页脚，也可以在文档的不同部分使用不同的页眉和页脚。例如，可以交替更换页眉和页脚，即在奇数页和偶数页上设置不同的页眉和页脚。

页码就是给文档每页编的号码，以便于读者阅读和查找。页码一般放在页眉或页脚中，也可以放到文档的其他位置。

1．添加页眉和页脚

添加页眉和页脚的操作步骤如下：

（1）单击"插入"选项卡下"页眉和页脚"组中的"页眉"按钮，在弹出的下拉菜单中列举了 Word 2021 内置的页眉样式，用户可以根据自己的需要去选择，如图 6-2 所示。

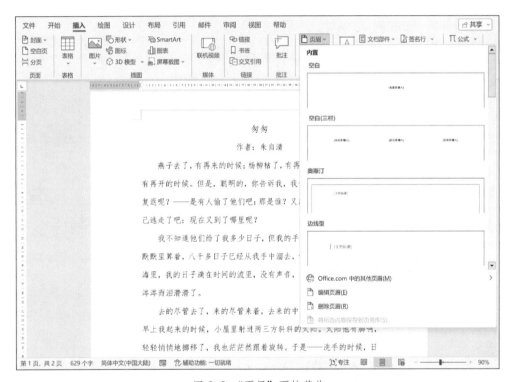

图 6-2　"页眉"下拉菜单

（2）"页眉"下拉菜单中的第一个选项"空白"页眉是最简单的页眉，选择该选项后，文档中出现页眉编辑区，并提示用户输入文字的位置，如图 6-3 所示。

（3）与此同时，功能区中出现"页眉和页脚"选项卡，使用这个选项卡，用户可以方便地编辑页眉和页脚。可以在页眉和页脚中插入日期和时间、文档信息、文档部件。例如，单击"页眉和页脚"选项卡下"插入"组中的"日期和时间"按钮，在弹出的"日期和时间"对话框中选择可用格式，单击"确定"按钮即可，如图 6-4 所示。

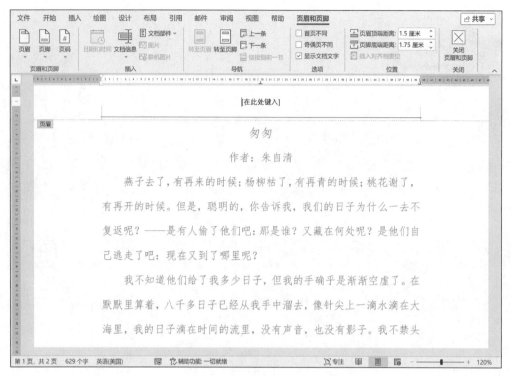

图 6-3　输入页眉内容

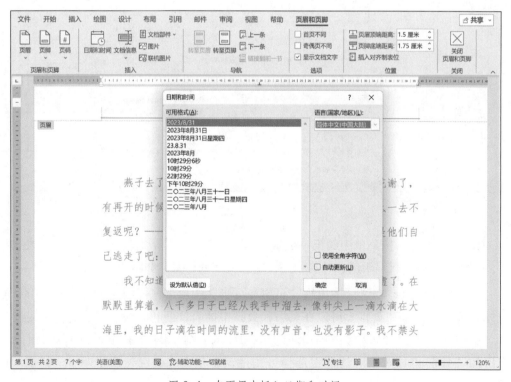

图 6-4　在页眉中插入日期和时间

（4）使用同样的方法，也可以插入图片。单击"页眉和页脚"选项卡下"插入"组中的"图片"按钮插入图片，之后调整图片大小即可。图6-5所示是插入图片后的页眉。

图6-5　在页眉中插入图片

（5）在编辑页眉的时候，可以看到"页眉和页脚"选项卡下"导航"组中有一个"转至页脚"按钮，单击这个按钮可以直接转到页脚的编辑。页脚的编辑与页眉的编辑类似。

（6）单击"上一条"按钮"上一条"或"下一条"按钮"下一条"，将显示当前节的上一节或下一节的页眉或页脚。

页眉和页脚的编辑也可以像文本的编辑一样设定格式，如靠右对齐、居中对齐等。编辑完毕，单击"页眉和页脚"选项卡下"关闭"组中的"关闭页眉和页脚"按钮，即可完成页眉和页脚的设置。此时，在页眉和页脚上的文字和图片都呈半透明状。如果需要再次编辑，只需要再次单击"插入"选项卡下"页眉和页脚"组中的"页眉"或"页脚"按钮，在弹出的下拉菜单中选择"编辑页眉"或"编辑页脚"选项即可。

2. 设置首页不同与奇偶页不同

使用以上方法只能创建同一种类型的页眉或页脚，即全书每一页的页眉或页脚都完全相同。而在书籍等出版物中，通常需要在偶数页页眉和奇数页页眉上设置不同的文字，并在每章的首页设置不同的页眉。此时，双击页眉或页脚的位置，再选中"页眉和页脚"选项卡下"选项"组中的"首页不同"复选框，就可以在文档的第一页建立与其他页不相同的页眉和页脚，如图 6-6 所示。

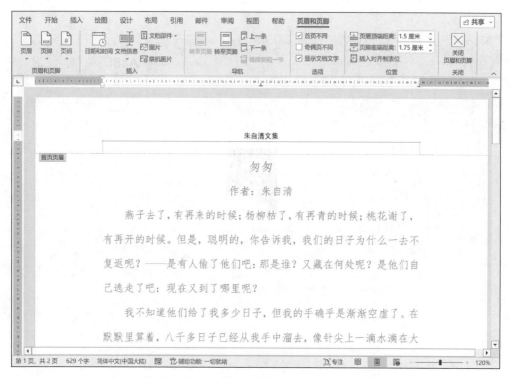

图 6-6　创建首页页眉

类似地，选中"奇偶页不同"复选框，在页面左侧会出现"奇数页页眉"提示，用户输入所需要设置的页眉内容后转至下一节，在页面左侧会出现"偶数页页眉"提示，用户再输入偶数页的页眉内容。

单击"关闭页眉和页脚"按钮后，返回文档编辑状态，在编排文档内容时，文档中的页眉与页脚将根据奇偶页的不同而发生相应变化。

提示

在文档编辑状态下，双击页眉或页脚（或在页眉和页脚编辑状态下双击文档），就可以快速地在页眉和页脚与文档之间切换。

3. 编辑页眉和页脚

除了对页眉和页脚内容的修改外，对页眉和页脚的修改还包括对页眉和页脚水平位置与垂直位置的修改，以及修改文本和页眉或页脚之间的距离。

调整页眉或页脚水平位置的操作方法如下：

（1）双击页眉区域，切换到页眉、页脚编辑模式。

（2）将光标移动到需要调整的页眉或页脚上，使用"开始"选项卡下"字体""段落""样式"组中的按钮来进行文字样式的设置。

需要调整页眉和页脚与纸张边缘的距离，也就是垂直距离的时候，需要使用"页眉和页脚"选项卡，在"页眉和页脚"选项卡下"位置"组中的"页眉顶端距离"和"页脚底端距离"微调框中输入需要的数值即可，如图6-7所示。

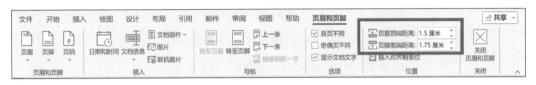

图6-7　调整页眉和页脚与纸张边缘的距离

4. 删除页眉和页脚

删除页眉和页脚的方法很简单，具体操作步骤如下：

（1）单击"插入"选项卡下"页眉和页脚"组中的"页眉"或"页脚"按钮，打开下拉菜单。

（2）在下拉菜单中选择"删除页眉"或"删除页脚"选项即可。

提示

在删除文档中某页的页眉或页脚时，Word 2021会自动删除整个文档中同样的页眉或页脚。要删除文档中各个部分的页眉或页脚，可以将文档分成节，再对页眉或页脚进行删除操作。

5. 设置页码

插入页码的具体操作步骤如下：

（1）单击"插入"选项卡下"页眉和页脚"组中的"页码"按钮，弹出图6-8所示的下拉菜单。

（2）用户根据需要，选择页码在文档中的显示位置，如页面顶端、页面底端、页边距或当前位置。每一个位置都有多项预置效果可供选择，单击相应的选项即可。

（3）单击"关闭页眉和页脚"按钮，就自动生成了页码，随着文档页数的增加，页码也会自动增加，如图6-9所示。

gationgation

Word 2021 基础与应用

240

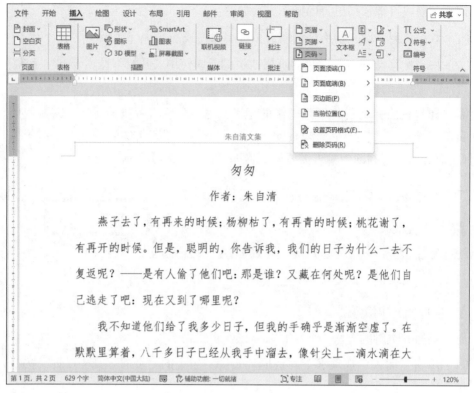

图 6-8　插入页码

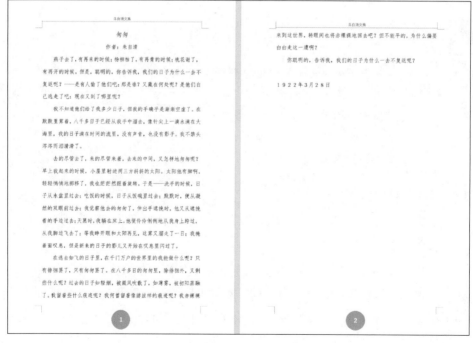

图 6-9　页码自动增加

与编辑页眉和页脚一样，双击页码部分可以修改页码的格式。具体操作方法如下：

（1）双击页眉或页脚，切换到页眉、页脚编辑模式，此时在功能区出现相应的"页眉和页脚"选项卡。

（2）单击"页眉和页脚"选项卡下"页眉和页脚"组中的"页码"按钮，在弹出的下拉菜单中选择"设置页码格式"选项，弹出"页码格式"对话框，如图6-10所示。

（3）在"页码格式"对话框中的"编号格式"下拉列表中选择所需要的页码格式选项，在"页码编号"选项组中选择页码的编排方式。

图6-10 "页码格式"对话框

（4）如果需要重新对页码进行编号，可以选择"起始页码"选项，输入第一个页码。如果文档中有封面，而且希望文档正文的第一页从"1"开始，可以在"起始页码"框中输入"0"。

Word 2021在用户使用"删除页码"选项或手动删除文档中单个页面的页码时自动删除页码。双击已经编辑完成的页眉或页脚，单击"页眉和页脚"选项卡下"页眉和页脚"组中的"页码"按钮，在弹出的下拉菜单中单击"删除页码"选项即可。

任务 2　设置边框和底纹

学习目标

1. 能为文字、表格和图形添加边框。
2. 能为页面添加边框。
3. 能添加底纹。

边框和底纹用于美化文档，同时也可以起到突出重要内容的作用，以此引起读者的关注，激发读者的兴趣。本任务以文档《故都的秋》为例，学习为选定的一段文字添加边框和底纹。

用户可以为页面、文本、表格及图形、图片等对象设置边框和底纹。

● 页面边框

用户可以为文档中每页的任意一边或所有边添加边框，也可以只为某节中的页面、首页或除首页以外的所有页面添加边框。在 Word 2021 中有多种线条样式和颜色及各种图形的页面边框。

● 文字边框和底纹

用户可以通过添加边框将部分文本（或段落）与文档中的其他部分区分开来，也可以通过应用底纹来突出显示文本。

● 表格边框和底纹

用户可以为表格或表格中的某个单元格添加边框，或用底纹来填充表格的背景。也可以使用"表设计"选项卡中的"表格样式"组来设置多种边框、字体和底纹，以使表格具有精美的外观。

1．设置文字边框

给文字添加边框就是把用户认为重要的文字用边框框起来，以起到提醒的作用。下面以文档《故都的秋》为例，为文字添加边框。

具体操作步骤如下：

（1）选中需要添加边框的文字。

（2）单击"设计"选项卡下"页面背景"组中的"页面边框"按钮，打开"边框和底纹"对话框，选中"边框"选项卡，如图 6-11 所示。

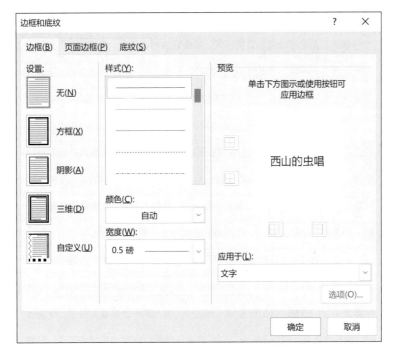

图 6-11　为文字添加边框

（3）从"设置"选项组的"无""方框""阴影""三维"和"自定义"五种类型中选择所需要的边框类型。

（4）从"样式"列表中选择边框框线的样式。

（5）从"颜色"下拉列表中选择边框框线的颜色（这种颜色可以打印出来）。

（6）从"宽度"下拉列表中选择边框框线的线宽。

（7）在"预览"显示区设置要添加边框的位置。自定义边框可以由 1~4 条边线组成。

（8）在"预览"显示区的"应用于"下拉列表中选择边框格式应用的范围，有"文字"和"段落"两个选项可供选择。

（9）单击"确定"按钮完成设置。

添加边框后的文字效果如图 6-12 所示。

2. 设置表格边框

（1）选中需要添加边框的表格。

（2）单击"设计"选项卡下"页面背景"组中的"页面边框"按钮，打开"边框和底纹"对话框，选中"边框"选项卡，如图 6-13 所示。

故都的秋

郁达夫

秋天，无论在什么地方的秋天，总是好的；可是啊，北国的秋，却特别地来得清，来得静，来得悲凉。我的不远千里，要从杭州赶上青岛，更要从青岛赶上北平来的理由，也不过想饱尝一尝这"秋"，这故都的秋味。

江南，秋当然也是有的；但草木凋得慢，空气来得润，天的颜色显得淡，并且又时常多雨而少风；一个人夹在苏州上海杭州，或厦门香港广州的市民中间，混混沌沌地过去，只能感到一点点清凉，秋的味，秋的色，秋的意境与姿态，总看不饱，尝不透，赏玩不到十足。秋并不是名花，也并不是美酒，那一种半开、半醉的状态，在领略秋的过程上，是不合适的。

不逢北国之秋，已将近十余年了。在南方每年到了秋天，总要想起陶然亭的芦花，钓鱼台的柳影，西山的虫唱，玉泉的夜月，潭柘寺的钟声。在北平即使不出门去吧，就是在皇城人海之中，租人家一椽破屋来住着，早晨起来，泡一碗浓茶，向院子一坐，你也能看得到很高很高的碧绿的天色，听得

图 6-12　添加边框后的文字效果

图 6-13　为表格添加边框

（3）从"设置"选项组的"无""方框""全部""虚框"和"自定义"五种类型中选择所需要的边框类型。

（4）从"样式"列表中选择边框框线的样式。

（5）从"颜色"下拉列表中选择边框框线的颜色（这种颜色可以打印出来）。

（6）从"宽度"下拉列表中选择边框框线的线宽。

（7）在"预览"显示区设置要添加边框的位置，边框由 6 根边线组成，自定义边框可以由 1~6 条边线组成。

（8）单击"确定"按钮完成设置。添加完边框的表格效果如图 6-14 所示。

学号	语文	数学	英语	总成绩
1	95	90	93	279
3	96	92	94	285
5	97	94	90	286
4	92	95	91	282
2	94	100	92	288

图 6-14 添加完边框的表格效果

3. 设置页面边框

Word 2021 不仅可以为文字或段落添加边框，还可以为页面添加边框。为页面添加边框的具体操作步骤如下：

（1）使用上述方法，打开"边框和底纹"对话框，选择"页面边框"选项卡。该选项卡中的各选项与"边框"选项卡中的选项基本相同，这里不再重复介绍。

（2）单击"选项"按钮，打开"边框和底纹选项"对话框，如图 6-15 所示。在对话框中可以设置页面边框与正文上、下、左、右的边距，设置完成后单击"确定"按钮。

4. 添加底纹

若想给文字或表格打印背景色，可以添加底纹。为文字或表格添加底纹的具体操作步骤如下：

（1）选择需要添加底纹的文字或表格。

（2）单击"设计"选项卡下"页面背景"组

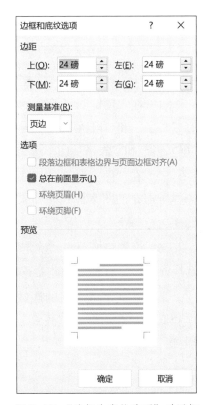

图 6-15 "边框和底纹选项"对话框

中的"页面边框"按钮，在打开的"边框和底纹"对话框中选择"底纹"选项卡，如图 6-16 所示。

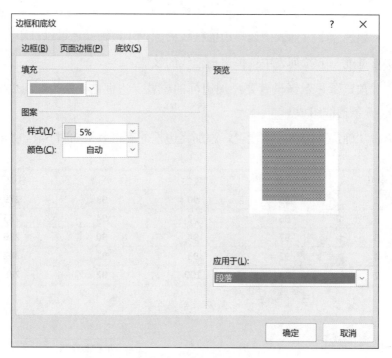

图 6-16 "底纹"选项卡

（3）在"填充"下拉列表中可以为底纹选择填充色。

（4）在"预览"显示区的"应用于"下拉列表中可以选择底纹格式应用的范围，有"文字"和"段落"两个选项可供选择。如果给表格添加底纹，有"文字""段落""单元格"和"表格"四个选项可供选择。

（5）在"图案"选项组中可以选择底纹的样式和颜色。在"样式"下拉列表中选择所需要的图案样式。如果不需要图案，可以选择"样式"下拉列表中的"清除"选项。

（6）设置完毕单击"确定"按钮，返回文档中，新设置的边框和底纹将应用于所选择的项目。添加底纹的文字效果如图 6-17 所示。

要删除文字或表格的底纹，需要选中这些文字或表格，使用前述方法打开"边框和底纹"对话框的"底纹"选项卡，在"填充"下拉列表中选择"无颜色"选项即可。

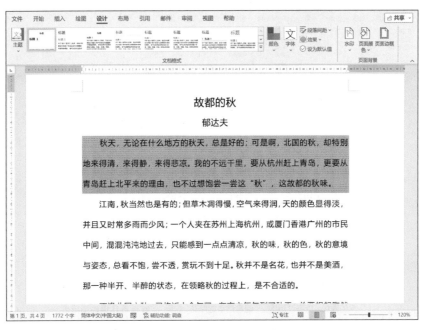

图 6-17　添加底纹的文字效果

任务 3　设置分节和分栏

1. 能设置文档分节。
2. 能创建版面分栏。

编辑一篇文档时，Word 2021 将整篇文档作为一节对待。有时用户需要将一篇较长的文档分割成多节，以便单独设置每节的格式和版式。本任务将学习设置分节与分栏。图 6-18 所示为将版面分为三栏的效果。

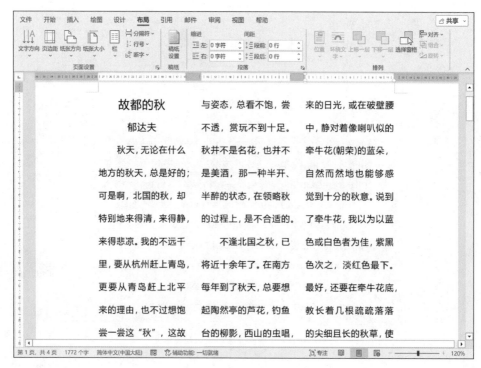

图 6-18　将版面分为三栏的效果

在日常处理文档时，常常需要使用分节与分栏，翻开各种报纸、杂志，分栏版面随处可见，在 Word 2021 中可以很容易地设置分栏，还可以在不同节中设置不同的栏数和格式。

1. 设置文档分节

在 Word 2021 中可以使用分节符来分节，分节符是在节的结尾插入的标记。插入分节符的操作步骤如下：

（1）将光标移动到需要插入分节符的位置。

（2）单击"布局"选项卡下"页面设置"组中的"分隔符"按钮"╪"，打开图 6-19 所示的下拉菜单。

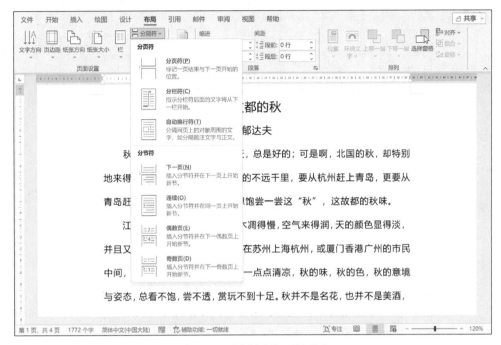

图 6-19　"分隔符"下拉菜单

（3）在"分节符"中有以下四种类型的分节符。

● 下一页：在当前插入点处插入一个分节符，强制分页，新节从下一页开始。

● 连续：在当前插入点处插入一个分节符，不强制分页，新节从本页下一行开始。

● 偶数页：在当前插入点处插入一个分节符，强制分页，新节从下一个偶数页开始。

● 奇数页：在当前插入点处插入一个分节符，强制分页，新节从下一个奇数页开始。

图 6-20 所示的文档就是在"分隔符"下拉菜单中选择了"连续"分节符后的效果。

如果用户在文档中看不到分节符，可以单击"开始"选项卡下"段落"组中的"显示 / 隐藏编辑标记"按钮" "。

如果要删除已设置的分节符，应选中要删除的分节符，然后按 Delete 键。需要注意的是，在删除分节符的同时也将删除分节符前面文本的分节格式，该文本将变为下一节的一部分，并采用下一节的格式。

2. 创建版面的分栏

创建版面分栏的具体操作步骤如下：

（1）单击"布局"选项卡下"页面设置"组中的"栏"按钮，弹出"栏"下拉菜单，如图 6-21 所示。

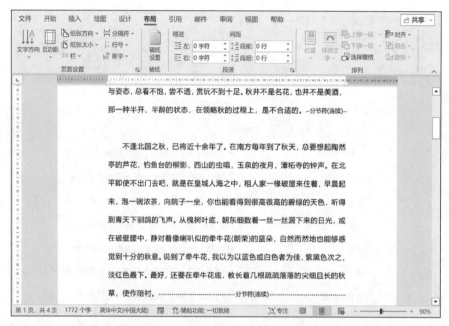

图 6-20 插入"连续"分节符后的效果

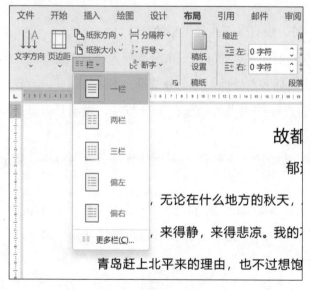

图 6-21 "栏"下拉菜单

（2）在下拉菜单中可以选择"一栏""两栏""三栏""偏左"和"偏右"等分栏格式。

（3）如果对预置的分栏格式不满意，可以选择下拉菜单中的"更多栏"选项，在弹出的"栏"对话框中设置需要分隔的栏数，栏数一般为 1~11。

设置分栏后的效果如图 6-18 所示。

任务 4　设置文档背景和水印

1. 能设置和删除文档背景。
2. 能设置和删除文档水印。

任务描述

　　为文档添加丰富多彩的背景，可以使文档更加生动和美观。Word 2021 提供了强大的背景功能，本任务将学习为文档设置背景和水印的方法。图 6-22 所示为文档设置水印后的效果。

图 6-22　文档设置水印后的效果

Word 2021 可以使用一张图片作为文件背景，也可以为文本加上织物状底纹，背景的颜色可以任意调整，还可以制作出带有水印的背景效果。但是在预设情况下打印文档时，背景不会被打印出来。如果需要打印背景色和图像，可单击"文件"菜单中的"选项"，在弹出的"Word 选项"对话框中选择"显示"选项卡，在"打印选项"组中勾选"打印背景色和图像"复选框即可。

1. 设置或删除文档背景

Word 2021 提供了 50 余种预置的颜色，用户可以选择这些颜色作为文档背景，也可以选择其他颜色作为文档背景。

为文档设置背景颜色的操作步骤如下：

（1）单击"设计"选项卡下"页面背景"组中的"页面颜色"按钮，打开图 6-23 所示的调色板，当光标在各色块上停留时，可以在文档中预览应用此颜色的效果。单击要作为背景的色块，Word 2021 将该颜色作为纯色背景应用到文档的所有页面上。

（2）如果现有颜色不能满足用户的需求，还可以单击"其他颜色"选项，在打开的"颜色"对话框中选择"标准"选项卡，在"颜色"区中单击选中的颜色，即可将该颜色设置为背景色。

如果需要删除文档的背景色，可单击"页面背景"组中的"页面颜色"按钮，在下拉菜单中选择"无颜色"选项即可。

2. 设置填充效果

以上方法只能使用一种颜色作为背景。如果用户感觉只有一种背景色太单调，可以选择 Word 2021 提供的多种文档背景效果，如渐变背景效果、纹理背景效果及图片背景效果等。通过选择不同的选项卡，可以得到更为丰富多彩的背景图案。

单击"设计"选项卡下"页面背景"组中的"页面颜色"按钮，在弹出的下拉菜单中选择"填充效果"选项，打开"填充效果"对话框，如图 6-23 所示。系统在默认状态下打开的是"渐变"选项卡。

用户可以选择"单色"或"双色"单选框来创建不同类型的渐变效果，然后在

"底纹样式"选项组中选择渐变的样式，如图 6-24 所示。

"纹理"选项卡如图 6-25 所示，用户可以在"纹理"选项组中选择一种作为文档页面的背景纹理。

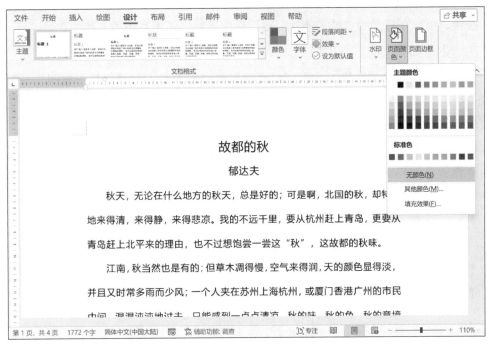

图 6-23 设置页面颜色

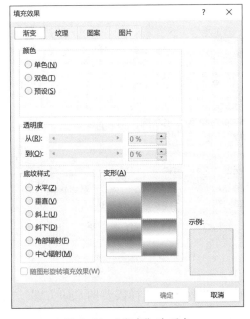

图 6-24 "渐变"选项卡

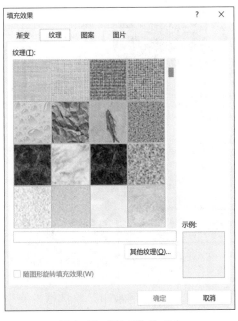

图 6-25 "纹理"选项卡

类似地，选择"图案"选项卡，用户可以在该选项卡中选择需要的基准图案，并在"前景"和"背景"下拉列表中选择图案的前景和背景，也可以为文档指定某种背景图案。

在"填充效果"对话框中选择"图片"选项卡，如图 6-26 所示，单击"选择图片"按钮，可以在打开的"插入图片"对话框中选择一张图片作为文档的背景。

3. 设置水印

水印是一种特殊的背景，是指印在页面上的透明花纹，它可以是一幅图、一张图表或一种艺术字体。当用户在页面上创建水印后，它在页面上显示为灰色，成为正文的背景，从而起到美化文档或标记文档的作用。

在 Word 2021 中设置水印非常容易，用户可以使用 Word 2021 预置的水印，也可以轻松地设置个性化水印；可以在一个新文档中添加水印，也可以在已保存的文档中添加水印，系统默认设置是"无水印"状态。

下面以设置文字水印为例，介绍水印的设置方法。

（1）单击"设计"选项卡下"页面背景"组中的"水印"按钮，打开下拉菜单，可以看到系统预置的一些水印，单击需要的选项即可。如果要设置用户自定义水印，可以选择"自定义水印"选项，打开"水印"对话框，如图 6-27 所示。

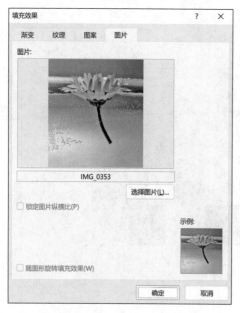

图 6-26 "图片"选项卡

图 6-27 "水印"对话框

（2）选中"文字水印"单选框，在"文字"下拉列表中选择需要的水印方案，或直接输入自己所需要的水印文字。再利用"字体""字号""颜色"下拉列表为水印文字设置字体、字号和颜色。

（3）在"版式"选项组中选择水印文字方向后，单击"确定"按钮，完成水印的设置。

如果用户希望以图片作为文档的水印，可在"水印"对话框中选择"图片水印"单选框，单击"选择图片"按钮，在弹出的"插入图片"对话框中选择需要的图片作为水印背景。

在文档中添加水印后，可以很方便地删除水印。单击"水印"按钮，在下拉菜单中单击"删除水印"选项即可。

任务 5 加密文档

能为 Word 文档加密。

在编辑一些非常重要的 Word 文档特别是一些机密的文档时，为 Word 文档加密是一项非常有用的操作，也是一项安全保障。有时为了防止他人看见自己编写的内容，也可以为 Word 文档加密。本任务将学习为文档加密的方法。

Word 2021 自身就提供了简单的加密功能，可以通过 Word 软件提供的"用密码进行加密"功能轻松实现文档的加密。

为 Word 文档加密的方法有以下两种：

1. 为 Word 文档加密的方法一

（1）打开要加密的 Word 文档，单击"文件"菜单进入"开始"界面，选择"另存为"选项，如图 6-28 所示。

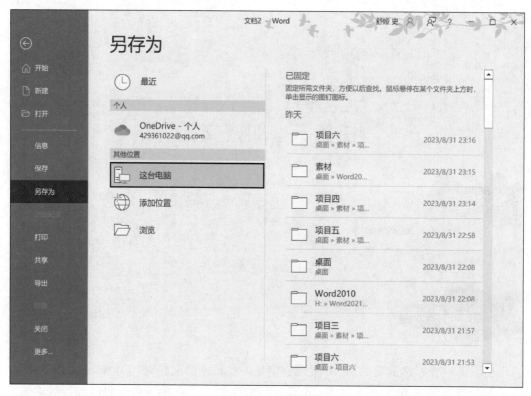

图 6-28　文档另存

（2）选择好保存位置后弹出"另存为"对话框，在"另存为"对话框中单击"工具"按钮，在弹出的下拉菜单中选择"常规选项"选项，如图 6-29 所示。

（3）弹出"常规选项"对话框，在"打开文件时的密码"文本框中输入要设定的密码，再单击"确定"按钮，如图 6-30 所示。

（4）在弹出的"确认密码"对话框中再次输入打开文档时的密码，并单击"确定"按钮，如图 6-31 所示。

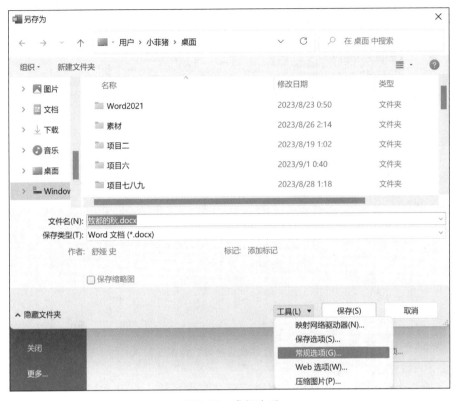

图 6-29　常规选项

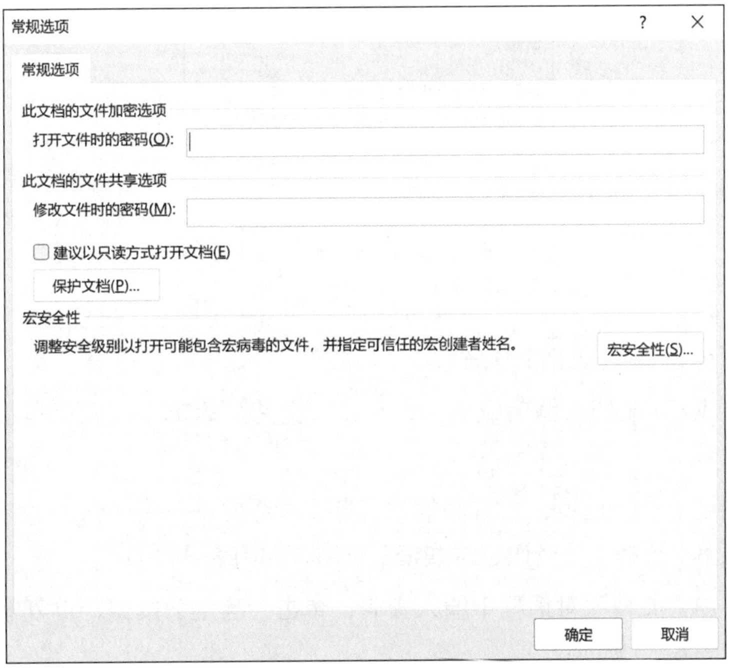

图 6-30　"常规选项"对话框

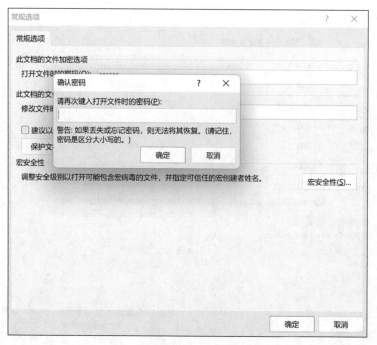

图 6-31 "确认密码"对话框

（5）检查密码设置是否成功。用鼠标双击文件，输入打开文档所需要的密码，若文档可以打开，说明密码已设置成功，如图 6-32 所示。

图 6-32 输入密码

2. 为 Word 文档加密的方法二

（1）打开 Word 文档，编辑完成后，单击"文件"菜单，进入"开始"界面，如图 6-33 所示。

（2）单击"信息"选项，在右侧的"信息"对话框中单击"保护文档"按钮，在弹出的下拉菜单中选择"用密码进行加密"选项，如图 6-34 所示。

（3）在"加密文档"对话框中输入密码，单击"确定"按钮，重复输入密码，并再次确认，如图 6-35 所示。

图 6-33 "开始"界面

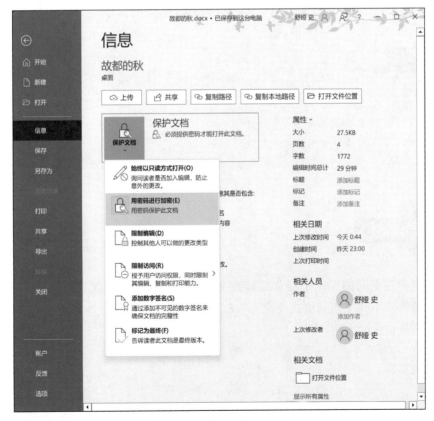

图 6-34 用密码进行加密

（4）这样就完成了为 Word 文档加密的操作。可双击该 Word 文档，输入打开文档所需要的密码，若成功打开文档，说明密码已设置成功，如图 6-36 所示。

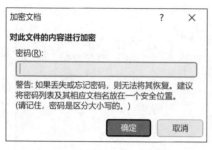

图 6-35 "加密文档"对话框

图 6-36 输入密码

任务 6 转换文档格式

1. 能创建 PDF/XPS 文档。
2. 能更改文档文件类型。
3. 能更改其他文件类型。

有些用户在平时的工作中经常要转换文档性质，将公文修改成演讲稿，或将论文修改成报告等，不同文档的格式要求不一样，修改起来很麻烦。本任务学习将 Word 文档转换为其他格式的方法。

相关知识

Word 2021 提供了文档转换的功能，使用 Word 2021 可以轻松地按照用户的要求，把文档转换为 PDF 文档、docx 文档、txt 纯文本等格式。

实践操作

1．创建 PDF/XPS 文档

（1）打开 Word 文档，编辑完成后，单击"文件"菜单，进入"开始"界面，如图 6-37 所示。

图 6-37　"开始"界面

（2）单击"导出"选项，在右侧的"导出"对话框中单击"创建 PDF/XPS 文档"选项，并单击"创建 PDF/XPS"按钮，如图 6-38 所示。

（3）打开"发布为 PDF 或 XPS"对话框，选择文件保存的路径，单击"发布"按钮，如图 6-39 所示。

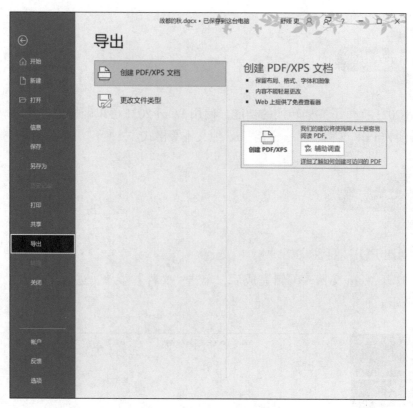

图 6-38 创建 PDF/XPS 文档

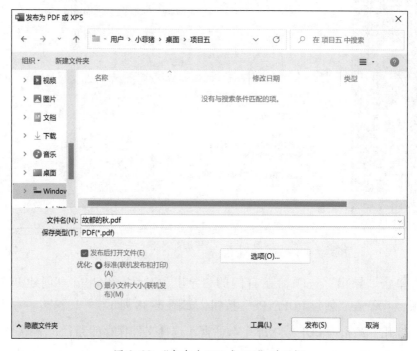

图 6-39 "发布为 PDF 或 XPS"对话框

（4）保存的 PDF 文档如图 6-40 所示。

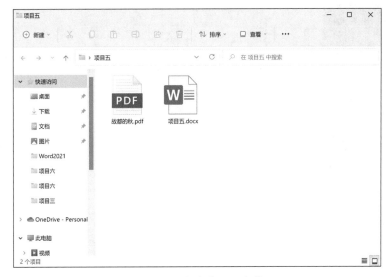

图 6-40　保存的 PDF 文档

（5）打开保存好的 PDF 文档，如图 6-41 所示。

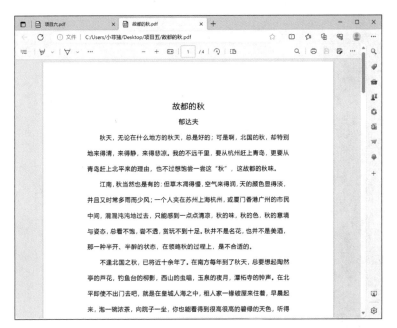

图 6-41　打开保存好的 PDF 文档

2. 更改文档文件类型

（1）打开 Word 文档，编辑完成后，单击"文件"菜单，进入"开始"界面，如图 6-42 所示。

图 6-42 "开始"界面

（2）单击"导出"选项，在右侧的"导出"对话框中单击"更改文件类型"选项，并单击"文档文件类型"中的"文档（*.docx）"，如图 6-43 所示。

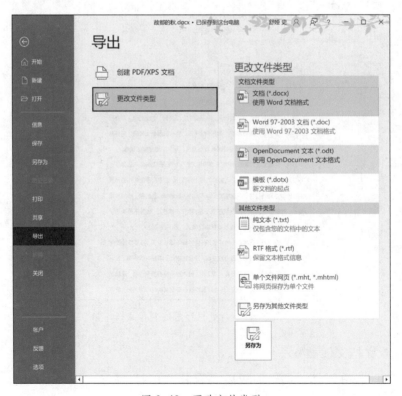

图 6-43 更改文件类型

（3）在图 6-43 中单击"另存为"按钮，打开"另存为"对话框，选择好文件保存的路径后单击"保存"按钮，如图 6-44 所示。

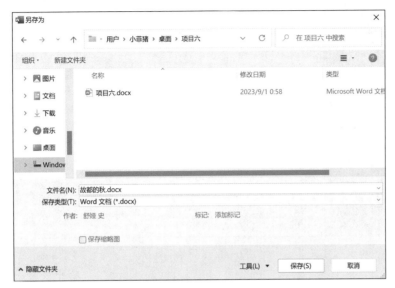

图 6-44　"另存为"对话框

（4）保存为 docx 文件，如图 6-45 所示。

图 6-45　保存为 docx 文件

3. 更改其他文件类型

（1）打开 Word 文档，编辑完成后，单击"文件"菜单，进入"开始"界面，如图 6-46 所示。

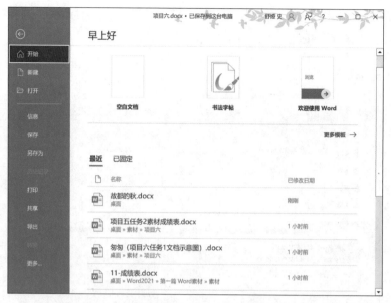

图 6-46 "开始"界面

（2）单击"导出"选项，在右侧的"导出"对话框中选择"更改文件类型"选项，并单击"其他文件类型"中的"纯文本（*.txt）"，如图 6-47 所示。

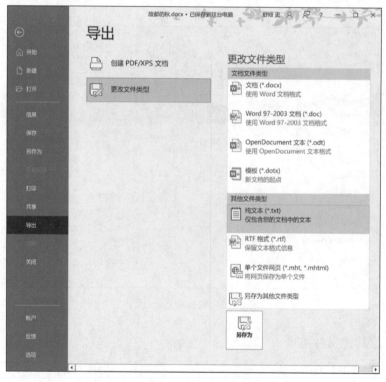

图 6-47 选择导出为"其他文件类型"

（3）在图 6-47 中单击"另存为"按钮，打开"另存为"对话框，选择文件保存的路径，并单击"保存"按钮保存，如图 6-48 所示。

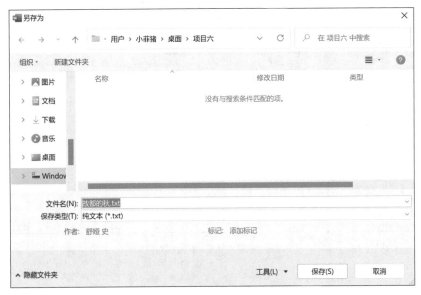

图 6-48　"另存为"对话框

（4）打开"文件转换"对话框，选中"文本编码"选项组中的"Windows（默认）"单选框，并单击"确定"按钮，如图 6-49 所示。

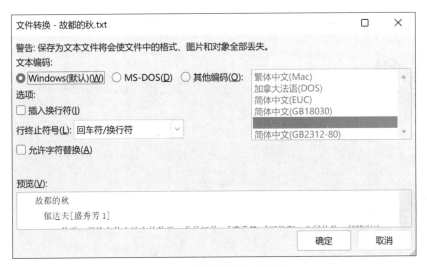

图 6-49　"文件转换"对话框

（5）保存为 txt 文件，如图 6-50 所示。

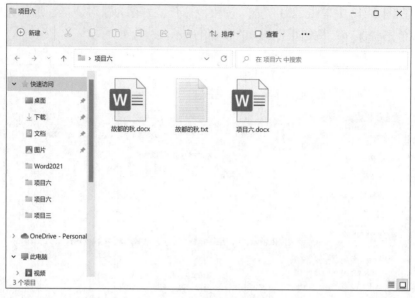

图 6-50　保存为 txt 文件

任务 7　打印文档

1. 能在打印文档前预览文档。
2. 能打印文档。

　　打印文档是制作文档的最后一项工作，若想打印出满意的文档，需要设置许多相关的打印参数。本任务学习设置打印预览和执行打印操作的方法。

Word 2021 提供了强大的打印功能，可以轻松地按照用户的要求打印文档，不但可以做到在打印文档前预览文档、选择打印区域，还可以一次打印多份文档或对版面进行缩放等。

1. 打印预览

在打印文档前，用户可以预览文档的打印效果。Word 2021 提供了打印预览的功能，利用该功能，用户观察到的文档效果实际上就是打印的真实效果，即常说的"所见即所得"功能。另外，用户还可以在预览窗口中对文档页面进行设置，以获得满意的效果。

打开要预览的文档后，单击"文件"菜单，进入"开始"界面，选择"打印"选项，在右侧区域显示的就是打印预览的效果。

如图 6-51 所示，用户可以从中预览文档的打印效果。

与编辑窗口相同，弹出的打印窗口中包含一些常用的打印预览设置选项，用户可以使用这些选项快速设置打印预览格式，如图 6-51 所示。

● 调整界面右下角处的滑块或者单击"+""−"按钮，可以调整打印预览页面的显示比例。

● 单击界面右下角处的按钮可以显示整个文档页面。

● 调整界面中间下方的区域可以设置当前预览的页码。

2. 打印文档的一般操作

针对不同的文档，可以使用不同的方法打印。如果已经打开了一篇文档，可以使用下列方法启动打印选项。

（1）单击"文件"菜单，进入"开始"界面，单击"打印"选项，弹出图 6-51 所示的对话框，在该对话框中进行相应的参数设置后，单击"打印"按钮即可打印。

（2）使用 Ctrl+P 组合快捷键，同样可以打开图 6-51 所示的对话框，进行打印设置后单击"打印"按钮即可打印。

图 6-51　打印及打印预览

另外，在没有打开文档的情况下，用鼠标右键单击该文档，在弹出的快捷菜单中选择"打印"选项，就可以按照系统默认设置直接打印文档。

实现图 6-52 所示的文档排版，并打印输出。

对文档进行排版的操作步骤如下：

（1）选中需要分栏的文档，单击"布局"选项卡下"页面设置"组中的"栏"按钮，在下拉菜单中选择"两栏"选项。

（2）单击"插入"选项卡下"页眉和页脚"组中的"页眉"按钮，在弹出的下拉菜单中选择"编辑页眉"选项，切换到页眉编辑模式。

（3）在页眉处输入文字"朱自清散文集"，然后在"导航"组中单击"转至页脚"按钮，进入页脚编辑界面，在页脚处插入页码。

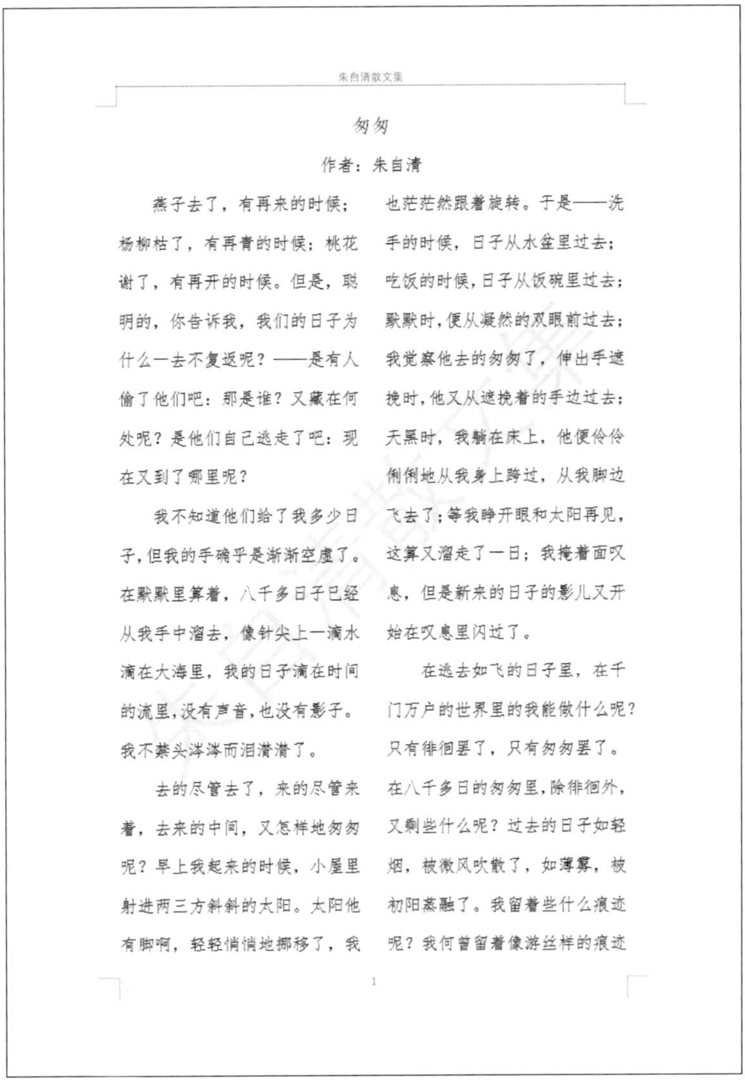
朱自清散文集

匆匆

作者：朱自清

燕子去了，有再来的时候；杨柳枯了，有再青的时候；桃花谢了，有再开的时候。但是，聪明的，你告诉我，我们的日子为什么一去不复返呢？——是有人偷了他们吧：那是谁？又藏在何处呢？是他们自己逃走了吧：现在又到了哪里呢？

我不知道他们给了我多少日子，但我的手确乎是渐渐空虚了。在默默里算着，八千多日子已经从我手中溜去，像针尖上一滴水滴在大海里，我的日子滴在时间的流里，没有声音，也没有影子。我不禁头涔涔而泪潸潸了。

去的尽管去了，来的尽管来着，去来的中间，又怎样地匆匆呢？早上我起来的时候，小屋里射进两三方斜斜的太阳。太阳他有脚啊，轻轻悄悄地挪移了，我也茫茫然跟着旋转。于是——洗手的时候，日子从水盆里过去；吃饭的时候，日子从饭碗里过去；默默时，便从凝然的双眼前过去；我觉察他去的匆匆了，伸出手遮挽时，他又从遮挽着的手边过去；天黑时，我躺在床上，他便伶伶俐俐地从我身上跨过，从我脚边飞去了；等我睁开眼和太阳再见，这算又溜走了一日；我掩着面叹息，但是新来的日子的影儿又开始在叹息里闪过了。

在逃去如飞的日子里，在千门万户的世界里的我能做什么呢？只有徘徊罢了，只有匆匆罢了。在八千多日的匆匆里，除徘徊外，又剩些什么呢？过去的日子如轻烟，被微风吹散了，如薄雾，被初阳蒸融了。我留着些什么痕迹呢？我何曾留着像游丝样的痕迹

1

图 6-52　排版后的效果

（4）单击“设计”选项卡下“页面背景”组中的“水印”按钮，在下拉菜单中单击“自定义水印”选项，打开“水印”对话框，选中“文字水印”单选框，在“文字”下拉列表中输入“朱自清散文集”后，单击“应用”按钮。

（5）打印文档。

项目七
大纲、目录和索引

在编辑一篇包含多个章节的长文档时，如何很好地组织和维护长文档非常重要。对于一篇有上万字的文档，如果使用普通的编辑方法，在其中查看特定的内容或对某一部分内容进行修改是非常费力的。因此，有一个良好的文档组织结构是必不可少的。

任务 1　使用大纲视图与主控文档

1. 能使用大纲视图。
2. 能描述主控文档和子文档的含义与功能。
3. 能创建主控文档。
4. 能将普通文档转换为主控文档。

大纲视图是一种以缩进文档标题的形式来代表标题在文档结构中级别的页面浏览方式。在大纲视图中，Word 2021 简化了文本格式的设置，以方便用户组织文档结构，

从而更好地编辑长文档。

在 Word 2021 中，大纲就是文档中标题的分层结构。大纲在书籍中特别是电子书籍中经常出现，在网络论坛的页面上更是经常用到。用户可以通过文档大纲方便、快捷地浏览整个文档框架，快速找到自己感兴趣的内容。

Word 2021 中提供了"大纲视图"，用户可以方便地在"大纲视图"下浏览文档的大纲。单击"视图"选项卡下"视图"组中的"大纲"按钮可以进入大纲视图，也可以按 Ctrl+Alt+O 组合快捷键进入大纲视图。

在大纲视图下，用户可以编辑、查看、修改文档的大纲，从大纲中找出自己感兴趣的部分，以便仔细阅读，在"视图"选项卡下"显示"组中选中"导航窗格"复选框，之后将根据文档的标题在文档的左侧生成文档结构图，如图 7-1 所示，通过文档结构图，可以直观显示文档的大纲。用户可以单击大纲中自己感兴趣的标题，浏览该标题下的内容。

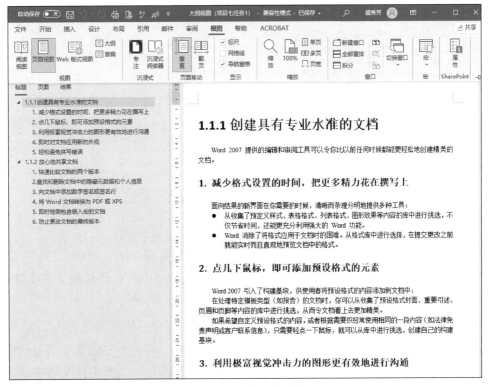

图 7-1 文档导航窗格

主控文档是一组单独文档（或子文档）的"容器"，它可以创建并管理多个文档。主控文档中包含一系列与子文档相关的链接，可以将长文档分成若干个比较小的、易于管理的子文档，从而便于组织和维护。

1. 创建主控文档

以创建一个主控文档为例，在其中创建相应的子文档，练习创建主控文档与子文档的操作方法。

具体操作步骤如下：

（1）创建一篇新的 Word 文档，单击"视图"选项卡下"视图"组中的"大纲"按钮，将文档以大纲视图显示，如图 7-2 所示。

图 7-2　大纲视图

（2）在文档的第一行输入标题文字"教师绩效考核管理办法"，并在"大纲工具"组中单击按钮" 1级 "打开下拉列表，在其中选择"1级"，将标题文字设置为 1级标题，如图 7-3 所示。

（3）在第二行、第三行、第四行分别输入相应的内容，并将其设置为 2 级标题。选择要设置为子文档的上述 2 级标题，单击"主控文档"组中的"创建"按钮创建子文档。此时 Word 2021 用三个细线框来标识这三个子文档，以区别主控文档中的内容和其他子文档，如图 7-4 所示。

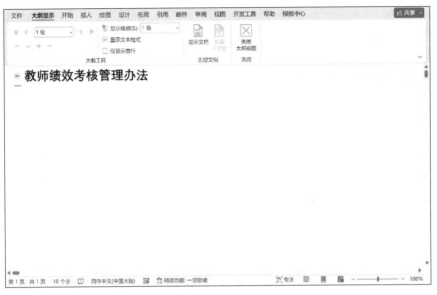

图 7-3 将标题文字设置为 1 级标题

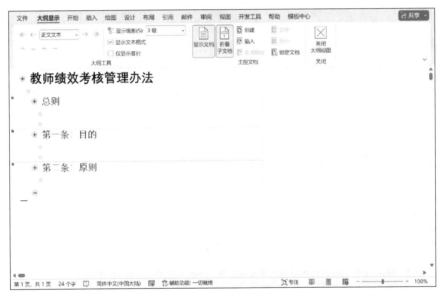

图 7-4 创建三个子文档

（4）在子文档中输入相应的内容，用相同的方法设置其他 2 级标题并创建子文档，创建完毕文档就成为主控文档，单击"保存"按钮即可保存主控文档，如图 7-5 所示。

2. 将文档转换为主控文档

文档通常是以页面视图或普通视图显示的，但大纲视图便于管理，方便查阅，可以将文档转换为主控文档形式，然后将其保存下来。

具体操作步骤如下：

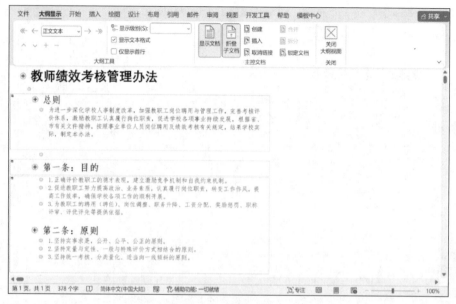

图 7-5　主控文档

（1）将素材"大纲视图"以大纲视图的方式打开，并将第一行"1.1.1 创建具有专业水准的文档"设置为 1 级标题，如图 7-6 所示。

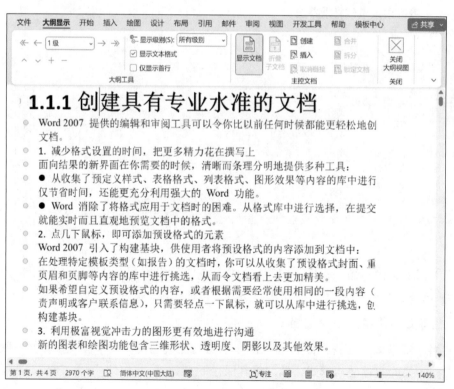

图 7-6　设置 1 级标题

（2）选择要作为子文档的内容，比如选择第四行，设置文本"1.减少格式设置的时间，把更多精力花在撰写上"为2级标题，单击"主控文档"组中的"创建"按钮，创建子文档。将其他文本也转换为2级标题并创建子文档。完成转换后的主控文档如图7-7所示。

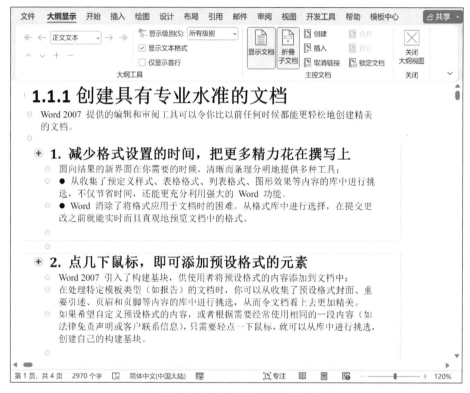

图7-7　完成转换后的主控文档

任务2　创建目录

1. 能创建并修改目录。
2. 能设置目录自动更新。

目录是长文档不可缺少的部分，一般在长文档的开始部分都要列出文档的目录。有了目录，读者就能很容易了解文档的结构，并快速定位需要查询的内容。Word 2021 可以搜索与所选样式匹配的标题，根据标题样式设置目录项文本的格式和缩进，然后将目录插入文档中。

本任务以创建图 7-8 所示的目录为例，讲解目录的创建方法。

图 7-8　目录

使用"引用"选项卡下的"目录"组可以创建新的目录。Word 2021 提供了一个样式库，其中有多种目录样式可供选择。目录中包含标题和页码，在创建目录之前，首先要标记目录项，然后从样式库中选择所需的目录样式，Word 2021 再自动根据标记的标题创建目录。

创建目录最简单的方法是使用内置的标题样式，也可以创建基于已应用的自定义样式的目录，或将目录级别指定给各个文本项。创建目录的方法主要有以下两种：

● 选择要插入目录的位置，打开"引用"选项卡，在"目录"组中单击"目录"按钮，在弹出的下拉菜单中选择所需的目录样式即可。

● 选择要插入目录的位置，在"引用"选项卡下"目录"组中单击"目录"按钮，在弹出的下拉菜单中选择"自定义目录"选项，在打开的"目录"对话框的"目录"选项卡中单击"选项"按钮，在弹出的对话框中选中"样式"复选框，查找应用于文档中的标题的样式，在"目录级别"栏中输入 1~9 中的一个数字，指定标题样式代表的级别，完成后单击"确定"按钮，如图 7-9 所示。

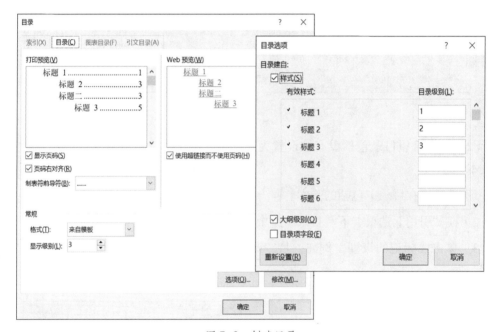

图 7-9 创建目录

1. 使用标题样式创建目录

标题样式就是应用于标题的格式。创建目录最简单的方法是使用内置的标题样式。用户还可以创建基于已应用的自定义样式的目录。

具体操作步骤如下：

（1）打开项目七素材中的"样章（项目七任务 2~5）"文档，选择要应用标题样式的标题。在"开始"选项卡下"样式"组中单击所需的样式。例如，选择要将其定义为 1 级标题的文本，单击"快速样式"库中名为"标题 1"的样式，如图 7-10 所示。

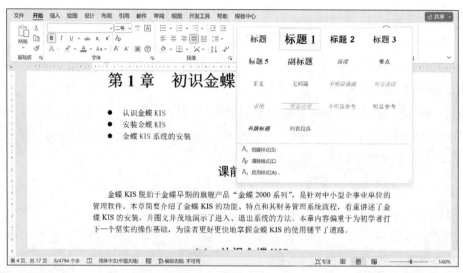

图 7-10　设置快速样式

（2）如果希望目录包括没有被设置为标题格式的文本，可以使用以下步骤标记各个文本项。

1）选择要在目录中包括的文本。

2）在"引用"选项卡下"目录"组中单击"添加文字"按钮。

3）单击要标记的级别。例如，将"课前导读"的级别设置为"2 级"，如图 7-11 所示。

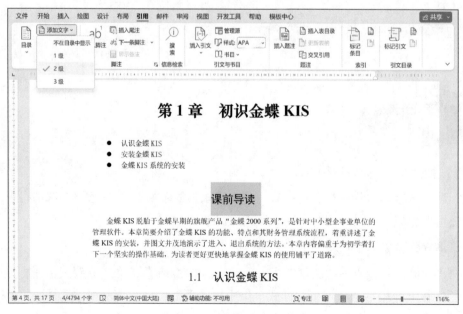

图 7-11　标记文字级别

4）重复步骤1）~步骤3），直到希望显示的所有文本都出现在目录中。

（3）所有的标题级别设置完成后，将光标定位到要插入目录的位置，通常是在文档的开始处。

（4）单击"引用"选项卡下"目录"组中的"目录"按钮，选择所需要的目录样式，如图7-12所示。

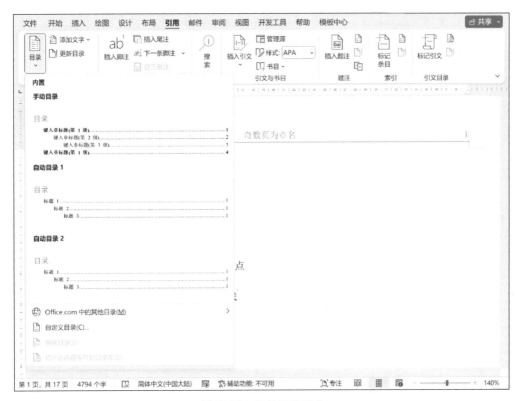

图7-12 选择目录样式

（5）如果在下拉菜单中没有所需的目录样式，单击下拉菜单中的"自定义目录"选项，并在弹出的"目录"对话框中显示"目录"选项卡，如图7-13所示。

（6）在"格式"下拉列表中选择目录的风格，选择的结果可以通过"打印预览"选项组查看，左侧窗口展示了目录在打印文档中的外观，右侧窗口展示了目录在Web文档中的外观。如果在"格式"下拉列表中选择"来自模板"选项，则表示使用内置的目录样式来格式化目录。如果要改变目录的样式，可以单击"修改"按钮，按照更改样式的方法修改相应的目录样式。

（7）返回"目录"对话框，如果在"打印预览"选项组选中"显示页码"复选框，将在标题后显示页码；如果选中"页码右对齐"复选框，页码将靠右排列，而不是紧跟在标题项的后面。

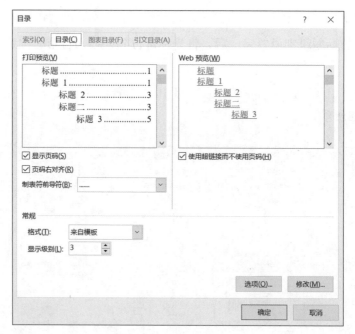

图 7-13 "目录"选项卡

创建好的目录如图 7-14 所示。

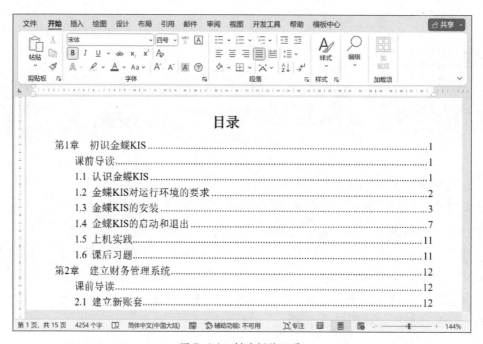

图 7-14 创建好的目录

提示

　　如果正在创建要打印的文档，在创建目录时，应使每个目录项列出标题和标题所在页面的页码，使读者可以翻到需要查看的页。对于读者要在 Word 2021 中联机阅读的文档，可以将目录中各项的格式设置为超链接，以便读者可以通过单击目录中的某项而转到对应的标题处。

　　按住 Ctrl 键，单击目录项，Word 2021 会跳到文档中相应的标题和页面。如果要选中并编辑目录，则单击目录右侧空白处的任意位置，此时，目录中所有文字下出现底纹。底纹表明目录文字实际上是部分目录域代码，然后选中文字，用常用的编辑方法修正。

2. 更新目录

　　Word 2021 创建的目录是以文档的内容为依据的，如果文档中的内容发生了变化，如页码或标题发生了变化，就需要更新目录，使目录与文档的内容保持一致。不要直接修改目录，因为这样容易引起目录与文档内容的不一致。

　　具体操作方法如下：

　　（1）在目录上单击鼠标右键，在弹出的快捷菜单中单击"更新域"选项，如图 7-15 所示。

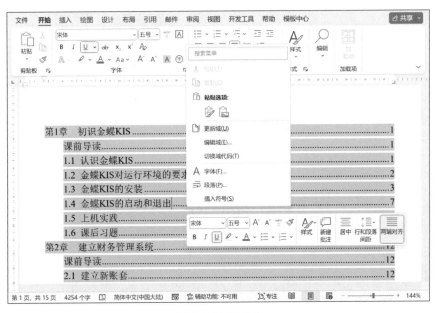

图 7-15　更新域

　　（2）按下 F9 键，可以迅速更新目录最近的修改，此时弹出"更新目录"对话框，如图 7-16 所示。用户可以根据自己的需要选择"只更新页码"或者"更新整个目录"。

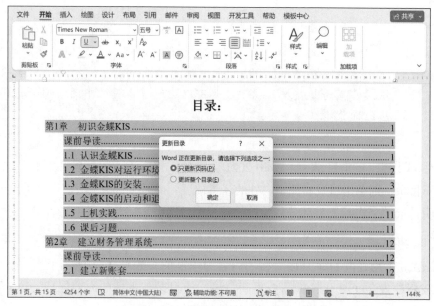

图 7-16 "更新目录"对话框

提示

　　如果在编辑目录时发现目录中的标题有拼写或编辑错误，可以在目录中直接改正，然后在文档中做相关更正，这样就不需要重新编辑目录了。

任务 3　创建图表目录

　　1. 能创建图表目录。
　　2. 能根据图表目录查找每个图表。

任务描述

图表目录也是一种常用的目录，可以在其中列出图片、图表、图形、幻灯片或其他插图的说明，以及它们出现的页码。在建立图表目录时，用户可以根据图表的题注标签或自定义样式的图表标签，并参考页码，按照排序级别排列，最后在文档中显示图表目录。图 7-17 所示为一个图表目录。

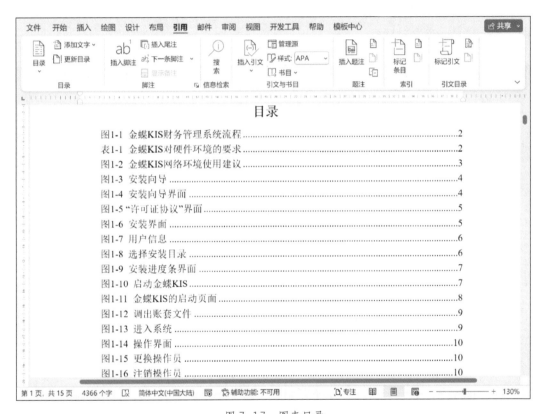

图 7-17 图表目录

相关知识

图表目录是针对文档中出现的图形、表格等对象列出的目录，在 Word 2021 中，可以利用题注、样式、目录域等来编制图表目录，需要将文档中的所有图表应用样式，或将文档中的所有图表位置标记目录域，就可以创建图表目录了。

有时文档中的标签是用户输入的，并不是利用 Word 2021 的题注标签功能添加的，这时就需要使用自定义样式创建图表目录。

建立图表目录的具体操作步骤如下：

（1）将光标定位到要插入图表目录的位置。打开"引用"选项卡，单击"题注"组中的"插入表目录"按钮，在弹出的对话框中单击"选项"按钮，弹出图 7-18 所示的"图表目录选项"对话框。

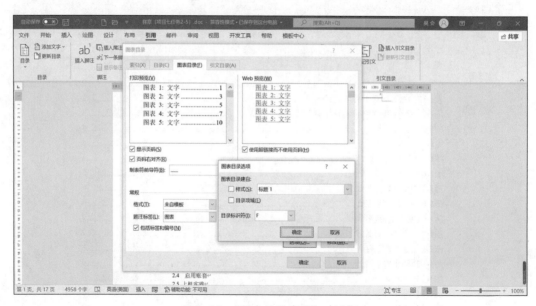

图 7-18 "图表目录选项"对话框

（2）选中"样式"复选框，并在右侧的下拉列表中选择图表标签将要使用的样式名，选择自定义的"图表"样式，单击"确定"按钮。

（3）在"图表目录"对话框中单击"确定"按钮后返回文档，可以看到图 7-17 所示的图表目录已经建立好了。

图表目录创建完成后，就可以方便地根据图表目录找到每个图表。

任务 4 交叉引用

学习目标

1. 能建立交叉引用。
2. 能修改交叉引用。

任务描述

　　交叉引用就是在文档的一个位置引用文档另一个位置的内容，如果两篇文档都是同一篇主控文档的子文档，用户也可以在一篇文档中引用另一篇文档的内容。

　　交叉引用常用于需要互相引用的地方，如"有关 ××× 的使用方法，请参阅第 × 章第 × 节"。在处理长文档时，如果用人工来处理交叉引用的内容，既要花费大量时间，又容易出错，使用 Word 2021 的交叉引用功能将使查找更方便、快捷。Word 2021 会自动确定引用的页码、编号等内容，如果以超链接形式插入交叉引用，则读者在阅读文档时，可以通过单击交叉引用直接查看所引用的项目。

相关知识

　　交叉引用可以让读者尽快找到想找的内容，也能使整篇文档更加有条理。当文档某处需要引用其他部分的内容时，可以插入交叉引用，也可为标题、脚注、书签、题注、编号、段落等创建交叉引用。

　　单击"引用"选项卡下"题注"组中的"交叉引用"按钮，可以打开图 7-19 所示的"交叉引用"对话框。

图 7-19 "交叉引用"对话框

实践操作

要在文档中引用其他信息，甚至包含该信息所在的页码等，可以利用创建交叉引用的办法来实现，具体操作步骤如下：

（1）将光标定位在文档中需要插入交叉引用的位置，或输入交叉引用开头的文字，如"进入、退出系统的方法"。单击"引用"选项卡下"题注"组中的"交叉引用"按钮，打开"交叉引用"对话框，如图7-20所示。

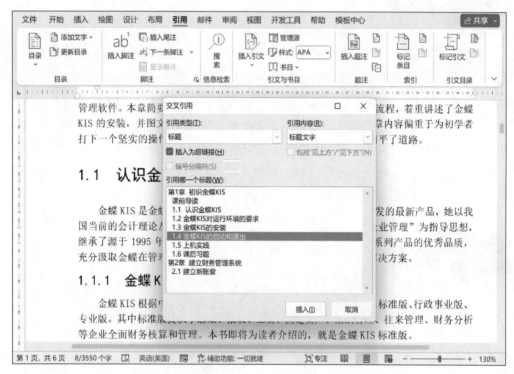

图7-20 "交叉引用"对话框

（2）在"引用类型"下拉列表中选择需要的项目类型，如果文档中存在该项目类型的项目，会出现在下面的列表中供用户选择。图7-20所示即为选择"标题"选项后，下方出现了所有的标题以供选择。

（3）在"引用内容"下拉列表中选择要插入的信息，如"标题文字""页码""标题编号"等。

（4）在"引用哪一个标题"框中单击选择引用的具体内容，如选择标题"1.4 金蝶KIS的启动和退出"。

（5）要使读者可以直接中转到引用的项目，选中"插入为超链接"复选框；否则，将直接插入选中项目的内容。

（6）单击"插入"按钮，即可插入一个交叉引用。如果用户还要插入其他交叉引用，可以不关闭该对话框，直接在文档中选择新的插入点，然后选择相应的引用类型和内容，单击"插入"按钮即可。

（7）如果"包括'见上方'/'见下方'"复选框可用，可选中此复选框来包含引用项目的相对位置信息。

提示

"包括'见上方'/'见下方'"复选框并不是在每个引用类型下都可用，只有在选择的引用类型为"编号项""脚注"及"尾注"时才可用。

如图 7-21 所示，当光标在交叉引用文字上停留时，将出现提示：按住 Ctrl 键并单击可访问链接。此时，一个交叉引用就完成了。

课前导读

金蝶 KIS 脱胎于金蝶早期的旗舰产品"金蝶 2000 系列"，是针对中小型企事业单位的管理软件。本章简要介绍了金蝶 KIS 的功能、特点和其财务管理系统流程，着重讲述了金蝶 KIS 的安装，并图文并茂地演示了 **1.4 金蝶 KIS 的启动和退出**。本章内容偏重于为初学者打下一个坚实的操作基础，为读者更好更快地掌握金蝶 KIS 的使用铺平了道路。

1.1 认识金蝶 KIS

金蝶 KIS 是金蝶软件（中国）有限公司基于微软 Windows 平台开发的最新产品，它以我国当前的会计理论及财务管理实务为基础，以"拓展会计核算，强化企业管理"为指导思想，继承了源于 1995 年中国第一套基于 Windows 操作平台的金蝶 2000 系列产品的优秀品质，充分汲取金蝶在管理软件领域的成功经验，是面向小型企业的管理解决方案。

1.1.1 金蝶 KIS 的功能及特点

第 1 页，共 6 页　3550 个字　　简体中文(中国大陆)　　辅助功能：一切就绪　　专注　　　　　　130%

图 7-21　交叉引用效果

在创建交叉引用后，有时需要修改其内容，这时只需要选定文档中的交叉引用内容，然后单击"交叉引用"按钮，打开图 7-20 所示的对话框，在"引用内容"下拉列表中选择要更新引用的项目，再单击"插入"按钮即可完成操作。

任务 5　创建索引

1. 能描述索引的定义。
2. 能创建索引。

　　索引是一种常见的文档注释，标记索引项本质上是插入了一个隐藏的代码，以便作者查询。创建索引与创建目录的方法基本相似，单击"引用"选项卡下"索引"组中的"插入索引"按钮，打开"索引"对话框，如图 7-22 所示，单击"标记索引项"按钮，在弹出的对话框中输入主索引项，必要时也可以输入次索引项，即可将索引项插入文档中。

图 7-22　"索引"对话框

　　所谓索引，就是在文档中出现的单词和短语的列表。索引用于列出一篇文章中讨

论的术语和主题，以及它们出现的页码。建立索引是为了方便用户对文档中的某些信息进行查找。

在 Word 2021 中创建一个索引分为两步。首先，在所选文档中标记出用户想要索引的所有条目，称为"标记索引项"。标记索引项由文档中的关键词、短语或名字组成，可以通过提供文档中主索引项的名称和交叉引用来标记索引项。其次，根据文档标记的条目来创建索引。

标记索引项后，Word 会在文档中添加特殊的域，用户可以为单个的词、词组或符号创建索引项，也可以为包含连续多页的主题创建索引项，还可以引用另外的项。

实践操作

标记索引项的具体操作步骤如下：

（1）若要使用原有文本作为索引项，则选中该文本；若要输入自己的文本作为索引项，在要插入索引项的位置单击鼠标左键。

（2）单击"引用"选项卡下"索引"组中的"插入索引"按钮，在弹出的对话框中单击"标记索引项"按钮，弹出"标记索引项"对话框，如图 7-23 所示。此时，在文档中选择的文本会出现在"主索引项"输入框中，用户也可以在该文本框中输入或编辑文本。

图 7-23　"标记索引项"对话框

提示

在"选项"选项组中，如果要在索引项后面显示该索引所在的页码，则可以选中"当前页"单选框，在默认情况下，页码的显示格式为常规。如果要选择出现在索引区中的页码的格式，可以选中"页码格式"选项组下的"加粗"或"倾斜"复选框。

（3）设置完成后，单击"标记"按钮，Word 就会标记选中的索引项，如图 7-24 所示。

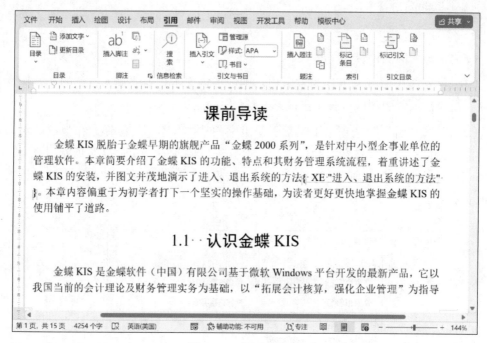

图 7-24　标记索引项

在标记好所有索引项之后，接下来要做的事情就是选择一种设计好的索引格式并生成最终的索引。Word 会搜集索引项，将它们按字母顺序排序，引用其页码，找到并删除同一页中的重复索引，然后在文档中显示索引。

制作一本书的大纲，如图 7-25 所示。

图 7-25　一本书的大纲

 提示

　　这是一本书的大纲，其中共有 3 级目录。作者可以根据此大纲加入内容，十分方便。这也是编写一篇长文档的通常做法。

具体操作步骤如下：

（1）新建一个文档，单击"视图"选项卡下"视图"组中的"大纲"按钮。

（2）打开项目七"综合训练"素材，选中需要设置为 1 级标题的标题项，在"开始"选项卡下"样式"组的快速样式中单击"标题 1"按钮，设置为 1 级标题。

（3）选中需要设置为 2 级标题的标题项，单击"大纲显示"选项卡下"大纲工具"组中的"降级"按钮，如图 7-26 所示，将标题等级由 1 级降为 2 级。

图 7-26　"大纲显示"选项卡

（4）依次选中3级标题，单击"大纲显示"选项卡下"大纲工具"组中的"降级"按钮两次，将标题等级从1级降为3级。

（5）将光标置于第三行之前，单击"开始"选项卡下"段落"组中的"多级列表"按钮，在下拉菜单的"列表库"中选择图7-27所示的列表样式。

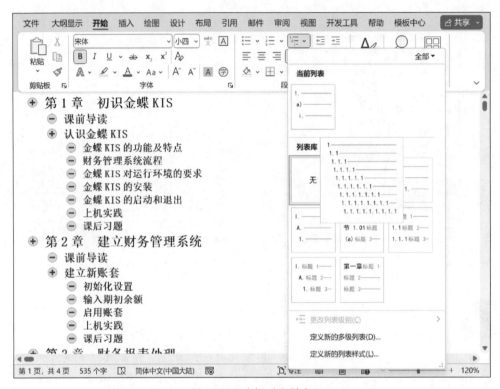

图7-27　选择列表样式

（6）将光标依次置于每一行之前，依次选择图7-27的列表库样式，最终效果如图7-25所示。

项目八
样式和模板

为了帮助用户提高文档的编辑效率，Word 2021 提供了一些高级格式设置功能来优化文档的格式编排，样式和模板就是其中的代表。它们的优点是可以保证文档的外观一致，且调整方法非常容易掌握。

任务 1　应用内置样式

1. 能描述 Word 2021 内置样式的类型和用途。
2. 能使用内置样式设置文档。
3. 能更改已有样式。

前面已经介绍了设置字符格式、段落格式以及项目符号和编号的方法等，当文档中的不同部分需要应用同样的字符格式和段落格式时，如果对这部分分别进行格式设置效率极低，此时可以考虑使用 Word 2021 中提供的样式功能来进行统一的格式设置。

样式是一套预先设置好的文本格式，文本格式包括字号、字体、缩进等，并且样式都有名称。样式可以在整段文本中应用，也可以在部分文本中应用。

在 Word 2021 中快速设置段落格式的方法有两种，一种是用格式刷，另一种就是套用样式。样式又分为内置样式和自定义样式两种，内置样式是 Word 2021 所提供的样式，自定义样式是用户自己设计的样式。

本任务以设置《普通高等学校档案管理办法》文档为例，讲解如何进行样式设置。

应用样式最简单的方法就是应用"开始"选项卡下"样式"组中预设的样式，单击菜单展开按钮" "打开"选择样式"下拉菜单，如图 8-1 所示，单击所需要的样式即可。

或单击"开始"选项卡下"样式"组的对话框启动器，打开"样式"任务窗格，选中"显示预览"复选框，就可以预览每种样式，如图 8-2 所示。"样式"任务窗格中显示了所有可用的样式列表。

图 8-1 "选择样式"下拉列表　　　　图 8-2 "样式"任务窗格

应用内置样式的具体操作步骤如下：

（1）单击"开始"选项卡下"样式"组中的对话框启动器，打开"样式"任务窗格。

（2）在文档中选定要更改的字符、段落、列表或表格，被选定部分当前的样式在"样式"任务窗格中处于选中状态，如图8-3所示。

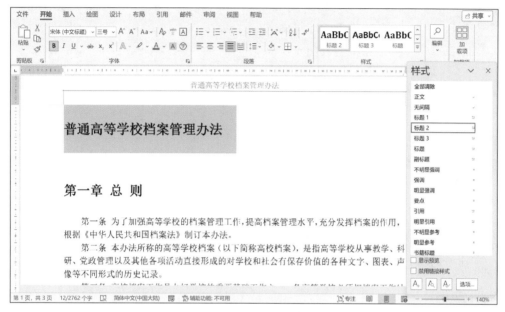

图8-3 设置应用样式

（3）单击"样式"任务窗格中所需的样式即可应用所选样式，如图8-4所示。

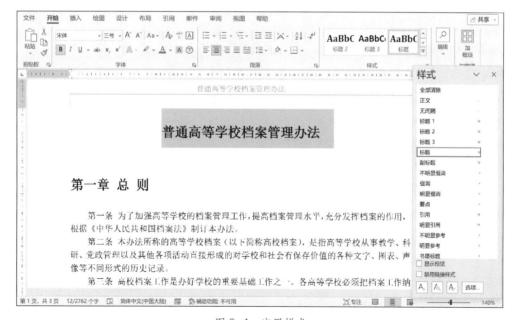

图8-4 应用样式

任务 2 新建、修改和删除样式

1. 能使用示例新建并修改样式。
2. 能通过对话框修改样式。
3. 能删除样式。

Word 2021 内置的样式往往不能满足用户不断变化的需求，对此，Word 2021 允许用户对样式进行新建、修改、删除等操作，使用户可以使用更加个性化的样式。

本任务仍以上一任务中设置过的文档为例，进行样式的修改。

在打开的"样式"任务窗格中单击"新建样式"按钮"<u>A+</u>"，弹出图 8-5 所示的"根据格式化创建新样式"对话框。

在此对话框中，用户可以根据自己的需要设置样式，同时，在"格式"选项组下预览显示区中可以从示例文字的变化预览设置样式的效果。

用户还可以在此对话框中对样式进行修改，也可以删除样式。

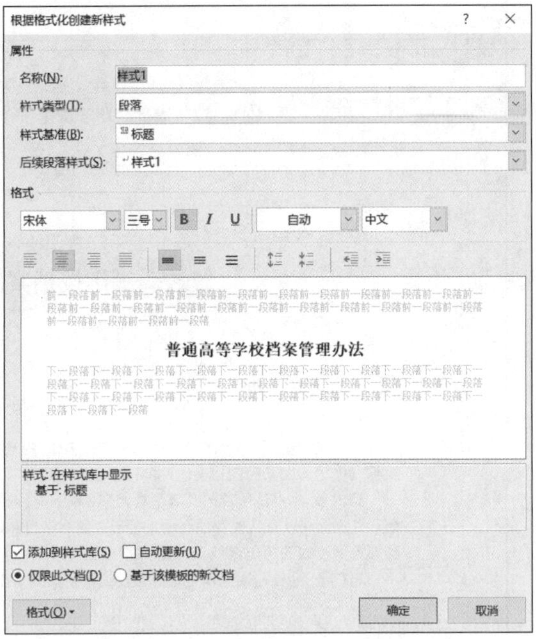

图 8-5 "根据格式化创建新样式"对话框

1. 新建样式

在实际操作中，使用较多的是根据示例创建新样式，该方法比根据格式设置创建新样式更为简单、方便。具体操作步骤如下：

（1）选中示例段落，对文本、表格、列表等需要设置的项目进行相应的设置，如字体、缩进、对齐方式、行距等。

（2）选中需要设置的部分文本，如"普通高等学校档案管理办法"，单击"样式"组中的对话框启动器，打开"样式"任务窗格，如图8-6所示。

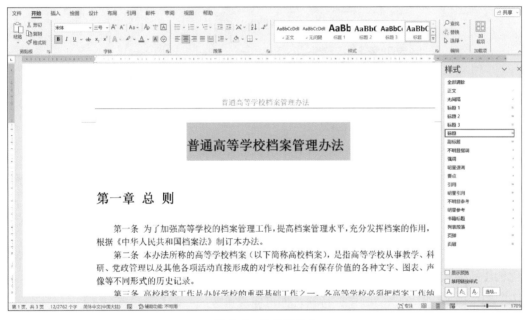

图8-6 设置新样式

（3）单击"新建样式"按钮，在弹出的"根据格式化创建新样式"对话框中，用户根据自己的需要设置样式，然后单击"确定"按钮。

2. 修改样式

在创建样式后，可能有些格式不再符合实际需求，需要进行一定的修改。可以利用图8-7所示的"修改样式"对话框修改样式，也可以利用示例进行修改。

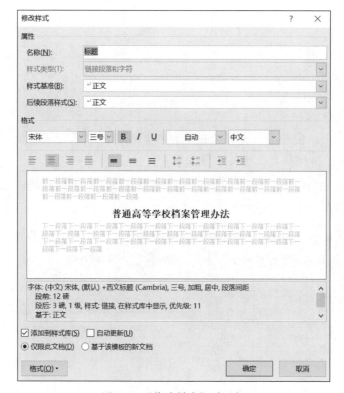

图 8-7 "修改样式"对话框

利用"修改样式"对话框修改样式的具体操作步骤如下：

（1）单击"开始"选项卡下"样式"组中的对话框启动器，打开"样式"任务窗格。

（2）选中需要修改的样式，单击鼠标右键，在弹出的快捷菜单中单击"修改"选项，打开图 8-7 所示的"修改样式"对话框。

（3）在"修改样式"对话框中进行一定的设置。"修改样式"对话框与"根据格式化创建新样式"对话框基本相同，用户按自己的需求设置即可。

（4）修改完毕单击"确定"按钮，即可完成修改。

用户也可以直接使用示例来修改样式：打开"样式"任务窗格后，选择要修改样式的段落、文本或在列表上直接修改，修改完成后，在"样式"任务窗格中原来的样式名称上单击鼠标右键，在弹出的快捷菜单中选择"更新 ×× 以匹配所选内容"选项即可，如图 8-8 所示。

3. 删除样式

如果要删除某一样式，只需用鼠标右键单击需要删除的样式，在弹出的快捷菜单中选择"删除 ××"选项即可。选择选项后将弹出图 8-9 所示的对话框，确认删除则单击"是"按钮，就可以删除指定的样式了。

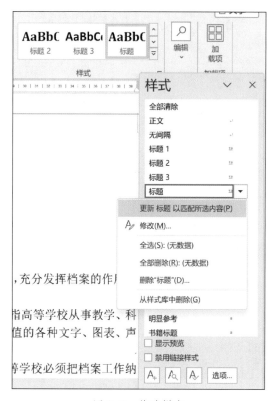

图 8-8　修改样式

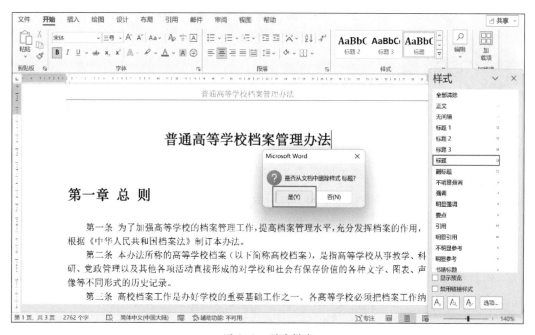

图 8-9　删除样式

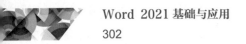

任务 3　使用模板

学习目标

1. 能描述模板的定义与作用。
2. 能创建模板。
3. 能应用模板。

任务描述

当需要重复产生例行性文档时，或需要经常创建同类性质的文档时，可以将同类型的文档以"模板"来处理。简单地说，"模板"是一种用来产生相同类型文档的标准格式文件。当某种格式的文档经常被重复使用时，最有效率的处理方法就是使用模板。

模板是一种带有特定格式的扩展名为 .dotx 的文档，它包含特定的字符格式、段落样式、页面设置、快捷键指定方案等。在 Word 2021 中，任何文档都是以模板为基础的，模板决定了文档的基本结构和文档设置。当用户要编辑多篇格式相同的文档时，可以使用模板来统一文档的风格，提高工作效率。

相关知识

Word 2021 自带了一些常用的文档模板，使用这些模板可以帮助用户快速创建基于某种类型的文档。

利用模板产生的文档会沿用模板的以下特性：

● 版面设置：如边界、纸张方向、栏目数等。

● 定型文本：例如每一份报告的标题、正文中相同的段落文本。

● 样式：使用样式可以使多份文档具有一致的格式。

● 其他：如果创建模板时同时产生了文档部件、构建基块或自定义了工具栏，并保存在该模板中，则根据此模板创建的新文档也可以使用这些项目。

新建空白文档时，Word 2021 会以 NORMAL（即标准模板）作为默认模板，NORMAL 是 Word 用来保存共用项目的位置。共用项目是指无论文档使用哪个模板都可以使用的项目，如工具按钮、功能区命令、文档部件等。Word 2021 的模板文件以 .dotx 为扩展名。

　　Word 2021 本身提供的模板文件种类很多，包括信件、传真、简历、日历、报告等，同时按所属范围归在不同的类别中，可以一一打开浏览。单击"文件"菜单，选择"新建"选项，在弹出的对话框中选择相应的可用模板选项即可创建模板，如图 8-10 所示。

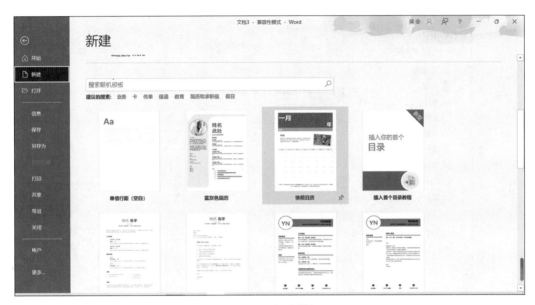

图 8-10　新建模板

1. 创建模板

　　虽然 Word 2021 内置的模板种类很多，但是用户的要求各不相同，为此，Word 2021 提供了创建模板的功能，用户可以创建适合自己使用的模板。制作模板和创建文档的方式相同，只是存档时的扩展名为 .dotx。有下列三种方法可以制作新模板，可视情况采用合适的方法。

- 将现有文档另存为模板。
- 在"新建"对话框中选择一种相近的模板，再选择"创建新的模板"选项。
- 打开已有的模板并修改，另存为新的模板。

这里着重介绍第一种创建方式，具体操作步骤如下：

（1）打开新文档，创建好模板所需要的内容、格式等，如将1级标题设置为宋体、小二，正文缩进2字符等。

（2）单击"文件"菜单，选择"另存为"选项，在弹出的"另存为"对话框中将保存类型选为"Word 模板"，如图8-11所示。

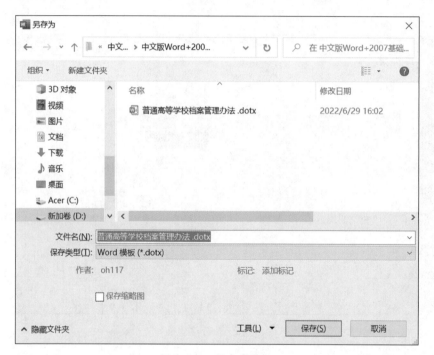

图 8-11　另存为模板

（3）单击"保存"按钮即可保存该模板。

此时已经新建了一个模板，如果需要使用该模板来编辑文档，可以单击"文件"菜单，选择"新建"选项，在弹出的窗口中单击"个人"选项，将弹出图8-12所示的对话框，其中，"普通高等学校档案管理办法"是由用户建立的模板。单击此模板就可以使用了。

2. 为现有文档选用模板

用户可以为已经创建好的文档选用模板，具体操作步骤如下：

（1）打开需要采用模板的文档。单击"文件"菜单，在打开的菜单中单击"选项"选项，打开"Word 选项"对话框。在左侧选择"加载项"选项卡，打开"管理"下拉列表，选择"模板"选项，如图8-13所示。

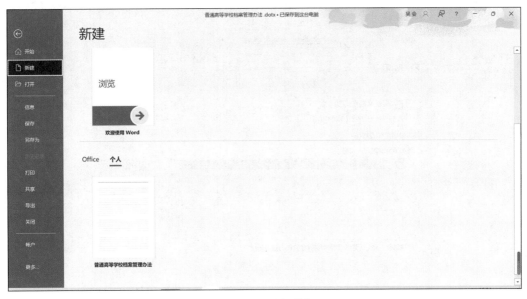

图 8-12　选择模板

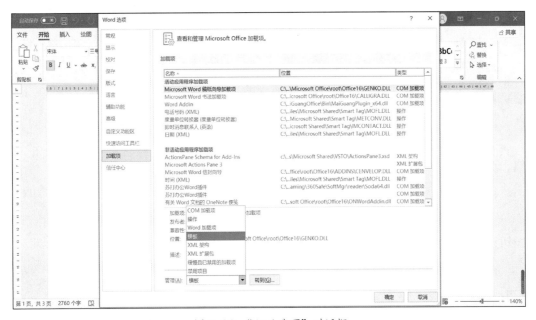

图 8-13　"Word 选项"对话框

（2）单击"转到"按钮，显示图 8-14 所示的"模板和加载项"对话框。在"文档模板"选项组中可以单击"选用"按钮打开需要加载的模板。单击"确定"按钮后，所选用的模板就被加载到现有文档上了。

图 8-14 "模板和加载项"对话框

综合训练

创建一个 16 开的书籍正文模板，要求首页为目录页，其中要有章节名称，不带页眉、页脚和页码；内容页要有页眉，但奇偶页不同。

具体操作步骤如下：

（1）创建一个新的空白文档。单击"插入"选项卡下"页面"组中的"空白页"按钮，创建一个空白页。

（2）切换至"布局"选项卡，单击"页面设置"组中的"纸张大小"按钮，在弹出的下拉菜单中选择"16 开 18.4 厘米 ×26 厘米"选项。

（3）单击第一个页面，再单击"插入"选项卡下"页眉和页脚"组中的"页眉"按钮，在弹出的下拉菜单中选择"编辑页眉"选项，进入页眉、页脚编辑模式。在页眉处输入"普通高等学校档案管理办法"，将文本格式设置为宋体、小五。

（4）选择"页眉和页脚"选项卡下"选项"组中的"奇偶页不同"复选框，选择页码样式。

（5）单击"文件"菜单，选择"另存为"选项，在弹出的"另存为"对话框中选择保存类型为"Word 模板"选项。

最终效果如图 8-15 所示。

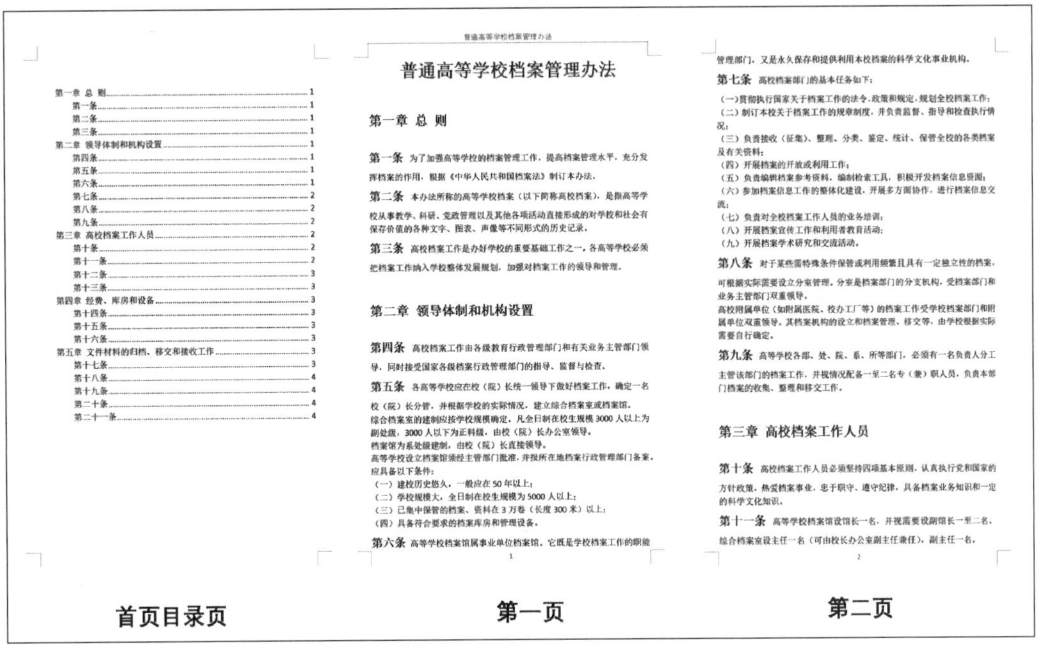

图 8-15　模板应用效果

项目九
Word 2021 的其他常用功能

前面已经介绍了 Word 2021 提供的强大的文字、图形、表格编辑排版功能，本项目将介绍 Word 2021 中其他一些常用功能。

任务 1　使用修订标记

1. 能使用修订工具修订文档。
2. 能接受或拒绝修订。

编辑完文档后，经常需要请他人审阅。为了避免审阅者对文档做出永久性的修改，凡是审阅者对文档改动过的地方都可以设置一个标记。这样，用户就可以明白哪些地方进行了修改，然后再决定哪些修改是可以接受的，哪些修改是不可以接受的。

使用修订功能时，每位审阅者的每一次插入、删除或格式更改操作都会被标记出来，当用户查看修订时，可以选择接受或拒绝每处的修改。

图 9-1 所示就是一个修订过的文档。

图 9-1　修订过的文档

相关知识

单击"审阅"选项卡下"修订"组中的对话框启动器，打开"修订选项"对话框，如图 9-2 所示。在"修订选项"对话框中单击"高级选项"按钮，打开"高级修订选项"对话框，如图 9-3 所示。用户可以根据需要设置修订标记及批注框的格式等，然后单击"确定"按钮。

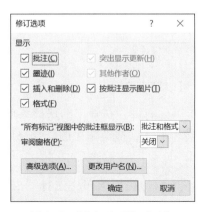

图 9-2　"修订选项"对话框

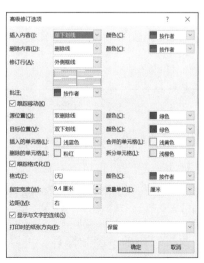

图 9-3　"高级修订选项"对话框

在编辑过程中进行修订的操作步骤如下：

（1）打开需要修订的文档。

（2）单击"审阅"选项卡下"修订"组中的"修订"按钮，在弹出的下拉菜单中选择"修订"选项。此时"修订"命令按钮呈灰色选中状态，说明文档已经处于修订状态下，如图 9-4 所示。

图 9-4 "修订"按钮呈选中状态

（3）通过插入、删除、移动文字或图形进行所需要的更改，还可以更改格式。图 9-5 所示是删除文字后显示的修订标记。

> 同学们（所有在场的同学们），技能改变命运，职业成就辉煌。有信心才会有成功，有梦想才会有未来，有付出才会有回报。让我们共同努力吧！
>
> 最后祝我们的学校越办越兴旺！祝××公司蓬勃发展！谢谢大家！
>
> 谢××
>
> 20××年×月×日

图 9-5 删除文字后显示的修订标记

（4）修订完成后，再次单击"修订"按钮，可以结束修订。

（5）如果接受当前修订，在修订文字上单击鼠标右键，在弹出的快捷菜单中选择"接受删除"选项，如图 9-6 所示。随着修订内容不同，快捷菜单中的接受修订选项会有所不同。

（6）反之，如果不接受修订，可以在图 9-6 所示的快捷菜单中选择"拒绝删除"选项。用户也可以单击"审阅"选项卡下"更改"组中的"接受"按钮，在弹出的下拉菜单中选择"接受所有修订"选项，或选择"拒绝"按钮下拉菜单中的"拒绝所有修订"选项，一次性接受或拒绝所有对文档的修订。

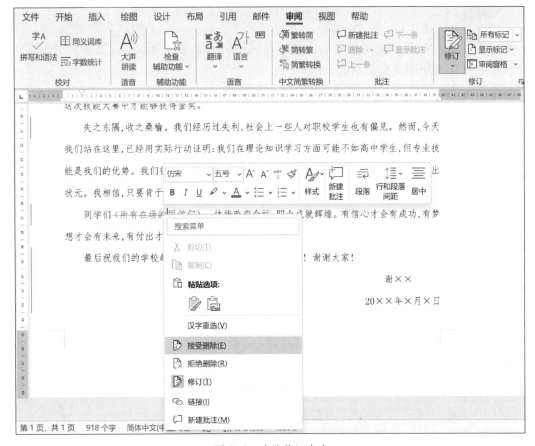

图 9-6　确认修订内容

任务 2　使用批注

　　能添加及删除批注。

与修订不同的是，使用批注形式将不直接在文档上进行修改，而是在文档相应处添加注释，不会影响文章的格式。

本任务以一个错误较多的《在技能大赛颁奖大会上的发言》文档为例进行批注，如图 9-7 所示。

图 9-7 对文档进行批注

批注是文章的作者或审阅者在文档中添加的注释，Word 2021 的批注功能非常强大，对于多个用户协作编辑和审阅的文档，批注功能可以带来很多便利。

实践操作

插入批注的操作步骤如下：

（1）选中文档中需要修订的文本，单击"审阅"选项卡下"批注"组中的"新建批注"按钮，在插入的批注框中输入批注文字，如图 9-8 所示。

图 9-8　插入批注

（2）逐一对文档批注后，如果要删除批注，可以用鼠标右键单击需要删除的批注，在弹出的快捷菜单中选择"删除批注"选项，如图 9-9 所示。

（3）如果要删除所有批注，在"批注"组中单击"删除"按钮，在弹出的下拉菜单中选择"删除文档中的所有批注"选项即可。

图 9-9　删除批注

任务 3　字数统计

能查看文档字数。

对纸质文档中的字数进行统计是一件十分烦琐的事，而在 Word 2021 中，利用字数统计功能可以方便、快捷地实现这一操作。

相关知识

Word 2021 可以统计文档中的页数、段落数、行数，以及包含或不包含空格的字符数。

用户可以在 Word 2021 状态栏上看到字数统计结果，如图 9-10 所示。

| 第1页, 共1页 | 295 个字 | 中文(中国) | 插入 | 辅助功能: 不可用 | 专注 | 116% |

图 9-10　状态栏上的字数统计结果

实践操作

单击图 9-10 中的"295 个字"可以打开"字数统计"对话框，如图 9-11 所示，在该对话框中显示了各种统计信息。

如果状态栏上没有显示字数统计，可以将光标定位到状态栏上，单击鼠标右键，弹出图 9-12 所示的快捷菜单，选中"字数统计"即可。

自定义状态栏	
格式页的页码(F)	1
节(E)	1
✓ 页码(P)	第1页, 共1页
垂直页面位置(V)	3厘米
行号(B)	
列(C)	1
✓ 字数统计(W)	295 个字
字符计数(带空格)(H)	367 个字符
✓ 拼写和语法检查(S)	无错误
✓ 语言(L)	中文(中国)
✓ 标签	
✓ 签名(G)	关
信息管理策略(I)	关
权限(P)	关
修订(T)	打开
✓ 大写(K)	关
✓ 改写(O)	插入
选定模式(D)	
✓ 宏录制(M)	未录制
✓ 辅助功能检查器(A)	辅助功能: 不可用
✓ 上传状态(U)	
✓ 可用的文档更新(U)	

字数统计	? ×
统计信息:	
页数	1
字数	295
字符数(不计空格)	297
字符数(计空格)	367
段落数	8
行	13
非中文单词	5
中文字符和朝鲜语单词	290
☑ 包括文本框、脚注和尾注(F)	
	关闭

图 9-11　"字数统计"对话框　　　　图 9-12　快捷菜单

任务 4   使用书签

学习目标

能创建书签。

任务描述

Word 2021 中书签的用法与平时看书、读报、翻阅杂志时在书页中放上一张书签以标记阅读进度、重要提示等功能相同。可以为文档中某个特定位置或某段范围命名，该名称被称为"书签"。

图 9-13 所示为一个书签。

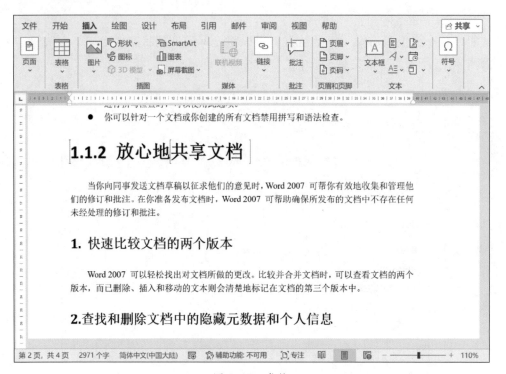

图 9-13   书签

在 Word 2021 中使用书签的目的一般有以下几种：

● 快速找到标注的位置。

● 可利用标注的数据进行运算，并将结果插入文档中。

● 用链接的方式将标注的文本内容插入另一篇文档中，并自动更新。

● 创建文本交叉引用。

● 自动更新链接的文本。

一般文档中可以加入多个书签，书签并不会被显示或打印出来，只用于标注位置。

添加书签的具体操作步骤如下：

（1）在文档中选择要标示的文本、项目或位置。

（2）单击"插入"选项卡下"链接"组中的"书签"按钮。

（3）在弹出的"书签"对话框的"书签名"文本框中输入书签名称，然后单击"添加"按钮即可，如图 9-14 所示。

图 9-14 插入书签

提示

> 书签名称的长度为 1~40 个字符，其中不能有空格，且不能以数字或符号开头。

（4）一般情况下，Word 2021 默认不显示书签，如果要显示书签，可以单击"文件"菜单，在打开的菜单中单击"选项"选项，弹出"Word 选项"对话框，选择"高级"选项，勾选"显示文档内容"组中的"显示书签"复选框，如图 9-15 所示。

图 9-15　设置显示书签

此时在文档中可以看到用方括号标出的书签，如图 9-13 所示。

任务 5　创建信封

学习目标

能利用信封工具创建信封。

任务描述

在 Word 2021 功能区中，将"邮件"作为一个单独的选项卡列出来，在这个选项卡的"创建"组中包含"中文信封""信封"和"标签"三个按钮。通过这些按钮可以创建传统的信封样式，如图 9-16 所示。

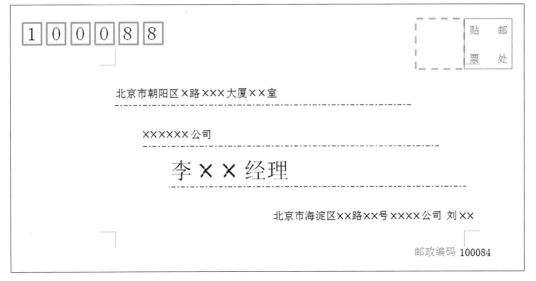

图 9-16　信封

相关知识

在实际工作中经常使用中文信封，通过系统提供的"中文信封"功能可以创建出标准信封，并实现批量处理。

实践操作

创建信封的具体操作步骤如下：

（1）创建一个空白文档，然后单击"邮件"选项卡下"创建"组中的"中文信封"按钮，打开图9-17所示的信封制作向导。

（2）单击"下一步"按钮，打开"信封样式"下拉菜单，选择所需要的信封大小，如图9-18所示。

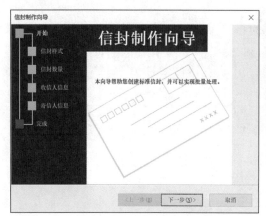

图9-17　信封制作向导

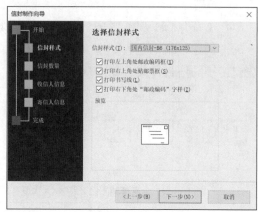

图9-18　选择信封样式

（3）选择好信封样式后单击"下一步"按钮，选择是否制作批量信封，如图9-19所示。

图9-19　选择生成信封的方式和数量

（4）单击"下一步"按钮，根据提示填写收件人和寄件人的姓名、称谓、单位、地址、邮编等选项，最后生成图 9-16 所示的信封。

根据任务 5 的实践操作提示，制作批量信封，具体操作步骤略。

项目十
综合训练

任务 1　制作一份简历

图 10-1 所示为一份个人简历的封面，它由图片与文字组成，其中"××技师学院"图片与雄鹰图片为插入的图片。

图 10-1　个人简历

制作个人简历封面的具体操作步骤如下：

（1）单击"插入"选项卡下"插图"组中的"图片"按钮，插入"××技师学院"图片，并设置图片居中放置。在图片下方输入文字"2021届毕业生"，如图10-2所示。

图 10-2　插入图片和文字

（2）继续插入雄鹰图片，设置图片居中放置。接着输入其他文字，如图10-3所示。

图 10-3　插入图片

（3）将"良禽择木而栖，士为伯乐而荣。愿您的慧眼，开拓我人生的旅程！"分为两行。第一行为"良禽择木而栖，士为伯乐而荣。"，第二行为"愿您的慧眼，开拓我人生的旅程！"。将两行文本格式设置为斜体、四号、加粗、两端对齐，并使用标尺调整其位置，如图 10-4 所示。

图 10-4　设置文本格式

（4）将"姓名"等文字设置为小四，至此，一个简单的个人简历封面就设置完成了。

任务 2　为公司设计胸卡

图 10-5 所示为一个简单的胸卡，它由图片、艺术字、形状和文字组成。

图 10-5 胸卡

制作胸卡的具体操作步骤如下：

（1）插入一个长方形，将形状调整到实际尺寸，插入徽标图片。

（2）插入一个文本框，置于图片右侧，输入"中国科学院大气物理研究所"字样。设置"中国科学院大气物理研究所"文本格式为黑体、四号。

（3）插入一个文本框，设置其为垂直居中、靠右。

（4）输入其他文字及下画线。

任务3 设计请柬

请柬又称为请帖，是邀请他人参加典礼、出席会议、观看演出等送去的通知。图 10-6 所示为一个请柬的图样。

制作请柬的具体操作步骤如下：

（1）插入公司徽标，设置其文字环绕方式为置于文字上方，靠右对齐，垂直对齐方式为靠顶端对齐。

（2）插入一个长方形，设置其填充色为红色。

（3）插入"请柬"文本，设置"请柬"文本字体，并设置其文字颜色为白色。

图 10-6　请柬

（4）在长方形下方输入英文，设置英文的字体，并设置其颜色为金色。

（5）插入背景图片，设置文字环绕方式为置于文字下方。